U0182995

权威·前沿·原创

皮书系列为
"十二五""十三五"国家重点图书出版规划项目

BLUE BOOK

智库成果出版与传播平台

河北食品安全蓝皮书

BLUE BOOK OF
FOOD SAFETY OF HEBEI

河北食品安全研究报告
（2020）

ANNUAL REPORT ON FOOD SAFETY OF HEBEI
(2020)

主 编／丁锦霞 金洪钧
副主编／贝 军 张 毅 彭建强

社会科学文献出版社
SOCIAL SCIENCES ACADEMIC PRESS（CHINA）

图书在版编目（CIP）数据

河北食品安全研究报告. 2020／丁锦霞，金洪钧主
编. ––北京：社会科学文献出版社，2020.7
（河北食品安全蓝皮书）
ISBN 978 – 7 – 5201 – 6833 – 5

Ⅰ.①河… Ⅱ.①丁… ②金… Ⅲ.①食品安全 – 研
究报告 – 河北 – 2020 Ⅳ.①TS201.6

中国版本图书馆 CIP 数据核字（2020）第 115954 号

河北食品安全蓝皮书
河北食品安全研究报告（2020）

主　　编／丁锦霞　金洪钧
副 主 编／贝　军　张　毅　彭建强

出 版 人／谢寿光
责任编辑／高振华　李　淼

出　　版／社会科学文献出版社·城市和绿色发展分社（010）59367143
　　　　　地址：北京市北三环中路甲 29 号院华龙大厦　邮编：100029
　　　　　网址：www. ssap. com. cn
发　　行／市场营销中心（010）59367081　59367083
印　　装／三河市东方印刷有限公司

规　　格／开 本：787mm×1092mm　1/16
　　　　　印 张：16　字 数：240 千字
版　　次／2020 年 7 月第 1 版　2020 年 7 月第 1 次印刷
书　　号／ISBN 978 – 7 – 5201 – 6833 – 5
定　　价／128.00 元

序

河北省是农业大省、食品产业和消费大省，全省共有食品生产经营单位104.48万家。其中，食品生产企业7492家（不含烟草制品业），食品经营企业34.36万家，餐饮服务企业11.3万家，食品小作坊、小摊点、小餐饮58.07万家。其中，规模以上食品工业企业1165家，主营业务收入3045.18亿元，占全省工业主营业务收入的7.86%。拥有中国驰名商标51个、中华老字号产品15项，乳制品产量连续六年排名全国第一，方便面、小麦粉、葡萄酒产量分别居全国第2位、第5位、第7位。同时，河北是京津冀地区重要的农副产品供应基地，肉蛋菜鱼等主要食用农产品占北京农产品批发市场交易量的40%。

民以食为天，食品安全与人民群众切身利益密切相关，是不断增强获得感、幸福感、安全感的重要抓手。为了全面深化食品安全改革创新，河北省委、省政府印发了《关于深化改革加强食品安全工作的若干措施》，加强了各级政府食品安全委员会及其办公室建设，制定出台了省级党政领导食品安全责任清单，将食品安全列为省委巡视督查考评的重点。坚持安全第一、问题导向、预防为主、依法监督、改革创新、共治共享的基本原则，着力健全完善食品安全现代化治理体系，提升食品全链条治理安全保障水平，食品安全工作取得了新成效。

"河北食品安全蓝皮书"是河北省人民政府食品安全委员会办公室、河北省市场监管局会同省农业农村厅、省公安厅、省卫生健康委、省林业和草原局、石家庄海关、省社科院等部门联合研创的全面展示河北省食品安全状况，客观评价食品安全保障工作成效，剖析食品安全工作中存在问题及成因，探索研究食品安全发展路径和先进治理模式的读本，是省内外全面了解

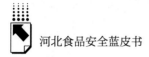

河北食品安全、研究年度食品安全状况和食品监管热点问题的重要文献，以供省领导决策和省内外食品安全研究者借鉴。

该书在全面反映河北省食品安全工作成效基础上，及时借鉴国外和先进省市监管理念、经验做法，客观真实反映全省食品安全监管事业发展进程，在持续推进食品安全工作改革创新、不断推动河北省食品安全领域体系建设和制度完善等方面，发挥了基础且重要的积极作用。但食品安全课题研究既有规律性，也有历史性，随着时间推移和经济社会发展，本书研究问题和记录内容仍有优化拓展的空间。

中国工程院院士　丛 斌

2020 年 7 月

摘　要

食品安全关系人民群众的身体健康和生命安全，关系中华民族的未来，关系党的执政能力。习近平总书记高度重视食品安全，先后发表一系列重要讲话，做出一系列重要指示，强调要把食品安全作为一项重大政治任务，用最严谨的标准、最严格的监管、最严厉的处罚、最严肃的问责，确保广大人民群众"舌尖上的安全"。为此，党中央、国务院做出了一系列重大决策部署。河北省委、省政府坚决贯彻落实习近平总书记重要指示精神和党中央、国务院决策部署，连续两年将食品安全工程纳入20项民心工程，对食品安全工作的重视程度明显提高，工作力度不断加大，总体形势稳定向好。

2019年是河北食品安全事业持续深化改革创新取得突破性进展的一年，强化各级政府食品安全委员会及其办公室建设，许勤省长担任省食安委主任。在全国第一个出台落实《中共中央　国务院关于深化改革加强食品安全工作的意见》的配套措施，首度以省委、省政府名义向中央报告食品安全年度工作情况。深入学习宣传贯彻《地方党政领导干部食品安全责任制规定》，率先制定了省委常委和省政府领导的食品安全责任清单，将食品安全列入省委巡视督查考评重点。牵头组织全省整治食品药品安全问题联合行动，着力解决群众的操心事、烦心事、揪心事，国家督导组给予充分肯定和高度评价。深化省委、省政府食品药品安全工程和省政府"食药安全诚信河北"三年行动计划，群众满意度由2013年的58.48上升到2019年的82.04。2019年底，国家对各省评价性抽检，河北省食品合格率99.25%。2019年度河北省食品安全工作评议考核为"A级"等次，评议考核成绩较往年有明显提升，受到了国务院食品安全委员会的通报表扬。

为全面展示河北省食品安全状况，客观评价食品安全保障工作成效，剖析食品安全工作中存在的问题及成因，探索研究食品安全样板发展路径和先进治理模式，河北省人民政府食品安全委员会办公室、省市场监督管理局会同省农业农村厅、省公安厅、省卫生健康委员会、省林业和草原局、石家庄海关、省社会科学院等部门联合撰写了《河北食品安全研究报告（2020）》（以下简称《报告》），作为省内外全面了解河北食品安全、研究年度食品安全状况和当前食品监管热点问题的重要文献。

《报告》分为总报告、分报告和专题篇3个部分。总报告全面展现了河北省食品安全状况。分报告由6篇调查报告组成，分析河北省水果蔬菜、畜产品、水产品、食用林产品、食品相关产品、进出口食品的质量安全状况，剖析存在的问题，提出对策建议。专题篇内容涵盖食品安全风险治理、应急管理效能比较研究、食品安全科学技术研究、食品安全立法研究、食品分析方法标准研究、食品安全公众满意度调查等，从多维度多角度深入分析河北省食品安全现状与发展，对食品安全前沿课题开展务实研究。《报告》的3个部分相辅相成，点面结合，为公众全面深入了解当前河北食品安全状况提供了科学参考和全息画像。

《报告》主要有以下特点。

一是全面性。《报告》系统分析了河北省食品相关产业行业，从农产品到食品工业的质量安全状况，全面展示了河北省食品安全的总体发展状况，是研究评估省级食品安全形势发展的重要资料。

二是客观性。总报告、分报告及专题篇所采用的数据或来自职能部门的第一手资料，或是对相关职能部门提供资料的总结和提炼，准确客观地反映了河北省食品安全整体状况，是政府及有关部门研究决策和民众了解相关信息的重要渠道。

三是针对性。各方面坚持问题导向，对河北省食品安全状况深入分析研究，探讨了全省食品安全监管面临的重要理论和实践问题，总结了食品安全工作中创新实践经验，着力从理论和实践两个方面推动河北食品安全工作提升。

食品安全的研究与实践是不断探索完善的过程，其研究受到各种客观条件的限制，因此本书还存在诸多不足，希望各位专家、学者、同仁多提宝贵意见，以便进一步修改完善。

关键字：河北　食品安全　抽检监测　风险防控　安全状况

Abstract

Food safety has a bearing on people health and life safety, the future of the Chinese Nation, and Party's governance capability. President Xi Jinping, attaching great importance to food safety, gave a series of important speeches successively, and made a series of important instructions, emphasizing food safety as a significant political task-the most rigorous standards, the strictest supervision, the severest punishment, and the most serious accountability are carried out to ensure people's "safety on tongue tips". Therefore, the Party Central Committee and the Sate Council have made a series of significant decisions and arrangements. The CPC Hebei Provincial Committee and Hebei Provincial Government have been resolutely carrying out the spirit of President Xi Jinping's important instructions and comments and decisions and arrangements of the Party Central Committee and the Sate Council, have placed food safety into 20 projects of people's livelihood in consecutive two years, have paid markedly growing attention to food safety work, and have been making more efforts in it, thus the overall situations has been steady and for the better.

The year 2019 is a year of making an advancement of breakthrough in deepening the reform and innovation of Hebei's food safety work. Efforts were intensified in establishing food safety committees to governments at all levels and their offices, and governor Xu Qin worked as the director of Food Safety Committee of Hebei Province. Hebei was the first province across the country to promulgate corresponding measures to carry out "Instructions on Deepening Reform and Intensifying Food Safety Work" of the Party Central Committee and the Sate Council, and it was the first time to report the annual work situation of food safety to the Party Central Committee in the name of the CPC provincial committee and provincial government. Making a deep study, publicity and implementation of "Regulations on Food Safety Accountability of Local Party/

Administrative Leaders", Hebei was the first to formulate a list of food safety responsibility under the leadership of the standing committee of the CPC provincial committee and the provincial government, and placed the food safety into priorities of inspection tour and supervision and assessment by the CPC provincial committee. Taking the lead in organizing the province-wide joint action to rectify problems of food and drug safety, and making great efforts to solve people's concerns were fully recognized and highly evaluated by the state supervision team. As a result of in-depth advancement of the food and drug safety project of the CPC provincial committee and provincial government and the "Honest Hebei in Food and Drug Safety" three-year action plan of the provincial government, people's degree of satisfaction rose from 58.48 in 2013 up to 82.04 in 2019. In the end of 2019, the state entrusted a third party with an evaluative sample inspection which indicated that Hebei's pass rate of food hit 99.25%. The year – 2019 food safety work of Hebei Province was appraised as "A", the appraisal result improved markedly compared with those of past years, which was commended by the Food Safety Committee to the Sate Council with notices.

With a view to making an overall exhibition of the food safety situations in Hebei Province, an objective assessment of the food safety guarantee performance of Hebei Province, a deep analysis of problems and causes existing in the food safety work, and an exploratory study of development paths and governance modes of food safety examples, the Food Safety Committee Office of Hebei Provincial Government, and Hebei Administration for Market Regulation, together with Department of Agriculture and Rural Affairs of Hebei Province, Department of Public Security of Hebei Province, Health Commission of Hebei Province, Forestry and Grassland Bureau of Hebei Province, Shijiazhuang Customs District, Hebei Academy for Social Sciences, etc., jointly wrote "A Study Report of the Food Safety in Hebei (2019)" (hereinafter called the Report in short) as an important literature for all concerned to get an overall information of Hebei's food safety, and make a study of annual food safety situation and current hot issues in food supervision.

The Report falls into the three parts of General Report, Topical Reports and Special Reports. General Report makes an overall exhibition of the food safety situations in Hebei Province. Quality Safety Reports are comprised of the six survey reports, analyze quality safety situations of fruits and vegetables, livestock products, aquatic products, dry fruits, food-related products, and foods of import and export in Hebei Province, make a deep analysis of existing problems, and put forward solution proposals. Special Reports cover construction of governance systems of food safety, comparison of emergency management effects, technical study of food safety, legislation study of food safety, a study of food safety standards, surveys of public satisfaction for food safety, etc. , and make a deep analysis of the food safety situation and development in Hebei Province from several perspectives and dimensions, and conduct a pragmatic study of front-edge research programs of the food safety. The three parts of the Report are supplementary to each other, and link selected points with entire areas, so as to provide scientific references and panoramic portrayals for the public having an overall and deep understanding of the present situations of the food safety in Hebei Province.

The Report mainly has below characteristics:

1. Being comprehensive. The Report makes a systematic analysis of the quality safety situations of food-related industries ranging from agricultural products to food industry in Hebei Province, and an overall exhibition of the food safety situations in Hebei Province, being important information to assess and research food safety situations and development at provincial level.

2. Being objective. The data used in General Report, Topical Reports and Special Reports all comes from first-hand materials of functional departments, or is summarization and abstracts of materials provided by relevant functional departments, and reflects the overall situations of food safety in Hebei Province accurately and objectively, being an important channel for governments and relevant departments to make research and decisions and the public to get to know information concerned.

3. Being targeted. The Report, problem-oriented, makes a deep analysis and study of the food safety situations in Hebei Province, explores important theoretical and practical issues facing the food safety supervision in Hebei Province, and summarizes innovative practices and useful experience in the food safety work,

in an effort to push forward the promotion of the food safety work in Hebei Province both theoretically and practically.

Research and practices in food safety is a process of continuous exploration and improvement. Restricted by various objective conditions, the book still has lots of defects. We appreciate valuable comments from other experts, scholars and professionals for its further revision and improvement.

Keywords: Hebei; Food Safety; Sample Inspection and Monitoring; Risk Prevention and Control; Safety Situation

目 录

Ⅰ 总报告

Ⅱ 分报告

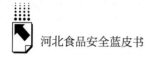
Ⅲ 专题篇

皮书数据库阅读**使用指南**

CONTENTS

I General Report

II Topical Reports

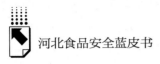
Ⅲ　Special Reports

总 报 告

General Report

B.1

2019年河北省食品安全报告

河北省食品安全研究报告课题组

摘　要： 食品安全是国计民生之本、社会和谐之基，关系广大人民群众的切身利益和身体健康。2019年，河北省深入贯彻落实习近平总书记重要批示指示要求和党中央、国务院决策部署，坚持以人民为中心的发展思想，坚持党政同责，落实最严谨的标准、最严格的监管、最严厉的处罚、最严肃的问责，全面加强食品安全监管，着力提升保障能力，食品安全形势持续平稳向好，为全省经济社会高质量发展提供了基础保障。

关键词： 食品安全　河北　监督管理　安全状况

2019年河北省委、省政府坚持以习近平新时代中国特色社会主义思想为指导，深入学习贯彻习近平总书记关于食品安全工作的重要论述和视察河北时提出的"四个加快""六个扎实""三个扎扎实实"重要指示精神，认真贯彻落实党中央、国务院决策部署，坚持以人民为中心的发展思想，坚持党政同责，全面落实"四个最严"，围绕京津冀协同发展、雄安新区建设发展、北京冬奥会筹办"三件大事"，扎实履行首都政治"护城河"责任，全年未发生重大及以上食品安全事故，食品安全形势持续平稳向好。国家市场监督管理总局评价性抽检①河北省食品，合格率达99.25%，省级农产品监测总体合格率达99.3%，群众满意度由2013年的58.48上升到2019年的82.04。

一 食品产业概况

河北是农业大省，是国家粮食主产省之一，年产蔬菜、果品、禽蛋、肉类、奶类等各类鲜活农产品超亿吨，在全国均占有重要地位，是京津地区重要的农副产品供应基地。该省已形成较为完整的食品工业体系，拥有一批国内外知名品牌，优势产品在全国市场占有举足轻重的地位。

（一）食用农产品

1. 粮食

2019年全国粮食种植面积11606万公顷，总产量66384万吨，河北省粮食播种面积646.9万公顷，产量3739.2万吨，占全国粮食总产量的5.6%，粮食产量居全国第6位（见表1）。

表1 全国粮食产量排名前十省份情况

单位：万吨，%

序号	地区	产量	占比
1	黑龙江	7503	11.3
2	河南	6695	10.1
3	山东	5357	8.1

---

① 评价性抽检是指市场监督管理部门依据法定程序和食品安全标准等规定开展抽样检验，对某一区域食品总体安全状况进行评估的活动。

续表

序号	地区	产量	占比
4	安徽	4054	6.1
5	吉林	3878	5.8
6	河北	3739	5.6
7	江苏	3706	5.6
8	内蒙古	3653	5.5
9	四川	3498	5.3
10	湖南	2975	4.5
	全国	66384	100

2. 蔬菜

2019年，全省蔬菜播种面积1304万亩，总产量5480.2万吨，居全国第4位；总产值1456.77亿元，居全国第4位。其中，设施蔬菜播种面积337万亩，产量1396万吨，产值532.38亿元，均居全国第5位（见图1）。

图1　2018年、2019年河北省蔬菜产量

3. 肉类

2019年，河北省肉类总产量429.6万吨，其中猪肉产量241.9万吨。禽蛋总产量385.9万吨，同比增长2.1%；生鲜牛乳总产量428.7万吨，同比增长9.6%（见图2）。

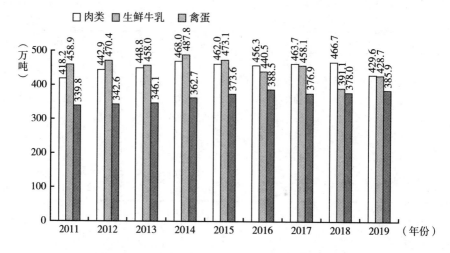

图2　2011～2019年河北省肉类、生鲜牛乳、禽蛋产量

4.水果

2019年全省水果种植面积759万亩，居全国第9位；产量1004.4万吨，居全国第6位。梨果种植面积、产量和出口量均位居全国第一。鸭梨、黄冠梨、雪花梨出口从东南亚国家和地区逐步拓展到了美洲、欧洲、大洋洲和中东等的70多个国家和地区。

5.水产品

2019年，全省水产品产量99.01万吨，其中海洋捕捞19.1万吨，总产值279.4亿元，同比增长5.6%；渔民人均收入18443.26元，同比增长9.84%（见图3）。

（二）食品工业

河北省食品工业主要包括农副食品加工业，食品制造业，酒、饮料和精制茶制造业，烟草制品业共4大门类、21个中类、64个小类，是与农业、装备制造、包装、印刷、物流、商业等产业相互关联、相互促进的重要产业。

1.产业规模

2019年，全省食品工业增加值同比累计增长5.9%（见表2），占全省

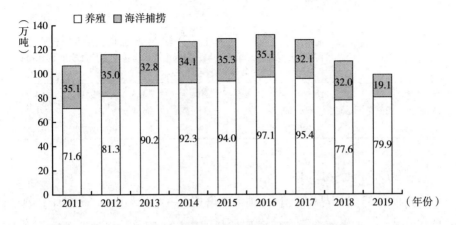

图3　2011～2019年河北省水产品产量

规模以上工业增加值的6.6%，高于全省累计增长速度0.3个百分点，累计贡献率为6.4%；规模以上食品工业企业1165家（较2018年底减少198家），实现主营业务收入3045.18亿元，同比增长8%，占全省工业主营业务收入的7.86%；主营业务成本为2507.72亿元，同比增长7.4%；实现利润总额165.88亿元，同比增长21.4%，占全省利润总额的8.24%（见表3）。

表2　2018年、2019年全省食品工业增加值完成情况

单位：%

	2月	3月	4月	5月	6月	7月	8月	9月	10月	11月	12月
2018年	9	10.9	12.9	12.3	8.9	7.4	7.3	6.7	7.5	6.5	4.4
2019年	2.9	3	1.2	1.8	3.5	5.8	5.9	6.2	6.2	5.8	5.9

表3　2019年全省食品工业主要经济指标完成情况

行业　　　指标	资产合计		主营业务收入		利润总额	
	累计完成（亿元）	同比增长（%）	累计完成（亿元）	同比增长（%）	累计完成（亿元）	同比增长（%）
规模以上食品工业总计	2594.80	3.6	3045.18	8.0	165.88	21.4
农副食品加工业	1124.40	5.6	1638.25	8.4	61.02	26.9

续表

指标 行业	资产合计		主营业务收入		利润总额	
	累计完成 (亿元)	同比增长 (%)	累计完成 (亿元)	同比增长 (%)	累计完成 (亿元)	同比增长 (%)
食品制造业	725.82	2.2	866.83	14.4	54.05	10.5
酒、饮料和精制茶制造业	603.83	2.6	349.70	−5.1	51.39	3.5
烟草制品业	140.76	−1.3	190.39	5.4	−0.58	94.1

2. 主要产品产量完成情况

在入统的 33 种产品中，有 22 种为正增长，占统计品种的 66.67%，熟肉制品、大米、速冻米面食品、碳酸型饮料、包装饮用水、酱油、食醋、冷冻饮品、食品添加剂、婴幼儿配方乳粉、乳粉、成品糖、冷冻蔬菜、冻肉、鲜冷藏肉 15 种产品产量增长都在 10% 以上，占到全部产品的 45.45%；果酒及配制酒、葡萄酒、蛋白饮料、果汁和蔬菜汁饮料、冷冻水产品、发酵酒精、味精、糖果、罐头、焙烤松脆食品、卷烟 11 种产品为负增长（见表4）。

河北省优势食品在全国市场占有举足轻重的地位，其中乳制品产量连续六年居全国第 1 位，方便面产量在全国居第 2 位，小麦粉产量居全国第 5 位，葡萄酒产量居全国第 7 位，罐头、发酵酒精、啤酒、糖果、果汁和蔬菜汁饮料居全国第 11 位，精制食用植物油、白酒均居全国第 13 位。今麦郎牌方便面、五得利牌小麦粉、汇福牌食用植物油、长城牌葡萄酒、衡水牌老白干酒等一大批产品具有较高的市场占有率。

表4　2019 年河北省主要产品累计产量与累计增长

序号	产品名称	累计产量	累计增长(%)
1	酱油(万吨)	11.58	92.9
2	冷冻蔬菜(万吨)	22.75	57.3
3	大米(万吨)	35.05	49.7
4	食醋(万吨)	16.51	35.3
5	冻肉(万吨)	21.01	26.9
6	成品糖(万吨)	39.23	25.6
7	冷冻饮品(万吨)	8.18	23.7
8	鲜冷藏肉(万吨)	199.26	55.2

续表

序号	产品名称	累计产量	累计增长(%)
9	熟肉制品(万吨)	7.32	15.7
10	食品添加剂(万吨)	35.22	15.2
11	白酒(折65度,商品量)(万吨)	14.22	9.3
12	啤酒(万吨)	180.62	8.0
13	葡萄酒(万吨)	4.31	−24.3
14	果酒及配制酒(万千升)	0.04	−29.9
15	速冻米面食品(万吨)	2.61	23.0
16	膨化食品(万吨)	1.25	6.5
17	小麦粉(万吨)	1175.62	6.4
18	液体乳(万吨)	347.14	5.4
19	婴幼儿配方乳粉(万吨)	3.05	39.5
20	乳粉(万吨)	6.77	35.7
21	精制食用植物油(万吨)	321.72	5.6
22	方便面(万吨)	29.61	1.9
23	卷烟(亿支)	758.35	−0.5
24	碳酸型饮料(万千升)	46.68	22.9
25	包装饮用水(万千升)	232.49	11.7
26	果汁和蔬菜汁类饮料(万千升)	68.33	−13.2
27	蛋白饮料(万千升)	34.25	−11.6
28	罐头(万吨)	17.86	−1.9
29	焙烤松脆食品(万吨)	0.83	−10.0
30	发酵酒精(折96度,商品量)(万千升)	12.92	−17.8
31	味精(万吨)	1.58	−29.9
32	糖果(万吨)	7.63	−37.9
33	冷冻水产品(万吨)	6.36	−38.2

3. 产业分布情况

河北省食品工业企业主要集中在石家庄、邯郸、邢台等市,占全省食品工业主营业务收入的40%以上,其中石家庄市居全省第1位。小麦粉和方便面生产企业主要集中在邢台、邯郸2市;食用植物油生产企业主要分布在石家庄、秦皇岛、廊坊和衡水4市；乳制品企业主要分布在石家庄、邢台、保定、唐山、张家口5市；大型肉类加工企业主要分布在石家庄、邯郸、廊坊、唐山、秦皇岛5市；白酒企业主要分布在邯郸、衡水、保定、承德4市；啤酒生产企业主要分布在张家口、唐山、衡水、石家庄4市；葡萄酒生产企业主要分布在秦皇岛（昌黎产区）、张家口（怀涿产区）2市；植物蛋白饮料和含乳饮料生产企业主要分布在石家庄、衡水、承德、沧州4市；海洋食品继续向秦皇岛、唐山、沧州等沿海地区集中；畜禽加工向石家庄、邢台、邯郸、保定等畜禽主产养殖区集中；果蔬加工向环京津地市和太行山沿线城市等区域集中或转移；豆制品企业主要分布在保定（高碑店市）；调味品企业主要分布在石家庄、保定、廊坊、邯郸4市。

4. 技术创新和品牌创建情况

河北省食品工业门类齐全，发展迅速，现拥有省级企业技术中心53家，2019年新增3家（河北金沙河面业有限公司、唐山拓普生物科技有限公司、河北瑞龙生物科技有限公司）。截至2019年底，河北食品行业已拥有中国驰名商标51个，占全省中国驰名商标总数近50%；此外还有河北省食品名牌233项，河北优质产品209项，河北省质量效益型企业30家，中华老字号产品15项。"今麦郎"牌方便面、"五得利"牌小麦粉、"汇福"牌食用植物油、"奥开"牌冷鲜肉、"君乐宝"牌酸奶、"衡水"牌白酒、"养元"牌核桃乳饮料、"露露"牌杏仁露、"蓝猫"牌酸枣汁饮料、"小洋人"牌含乳饮料、"高碑店"牌豆制品等一大批品牌在省内外具有较大影响。"金凤"牌扒鸡，"衡水""三井十里香"牌白酒，"骊骅""玉星"牌淀粉糖及淀粉，"蜂王"牌蜂蜜麻糖等品牌被授予中华老字号产品称号。2019年，河北省君乐宝乳业荣获"中国质量奖提名奖"，老白干酒业荣获第十八届全国质量奖。

河北省主要有君乐宝乳业、晨光生物、衡水老白干、养元智汇饮品、玉峰实业、今麦郎面品、金沙河面业、汇福粮油、五得利面粉9家"河北省食品领军品牌"企业和长城葡萄酒、洛杉奇食品、栗源食品、承德露露、新希望天香乳业、骊骅淀粉、丛台酒业、蓝猫饮品、双鸽食品、米莎贝尔食品10家"河北省特色食品品牌"企业。

（三）食品经营主体

截至2019年12月底，全省食品经营持证单位（含个人，下同）共456541家。主体业态包括：食品销售经营单位343573家，其中互联网经营单位7742家；餐饮服务经营单位112968家，其中内设中央厨房172个、集体用餐配送单位168个、单位食堂26818家（学校食堂16939家）。

全省食品"三小"（食品小作坊、食品小餐饮、食品小摊点）登记备案580734户，其中，食品小作坊登记26057户，食品小餐饮登记229531户，食品小摊点备案325146户。

二 食品质量安全概况

2019年河北省食品质量安全总体状况良好，食用农产品、加工食品、食品相关产品监督抽验合格率继续保持较高水平，全省食品安全形势平稳。

（一）粮食质量安全

1. 收获粮食质量监测情况

2019年，全省范围内共监测新收获粮食样品1139份，其中小麦517份、玉米602份、稻谷20份，检验容重、水分、不完善粒等13项质量指标。同时，随机抽取942份样品（其中小麦424份、玉米498份、稻谷20份）检验农药残留、真菌毒素和重金属等13项食品安全指标。从监测结果看，2019年全省新收获粮食容重等级三等以上样品1133份，达到99.47%；食品安全指标全部合格样品935份，合格率为99.26%，其中，收获小麦样品安全指标合格率为98.3%、玉米样品安全指标合格率为100%、稻谷样品安全指标合格率为100%。

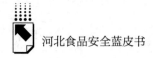

2. 库存粮食质量监测情况

2019 年，全省共抽取库存粮食样品 2351 份，其中稻谷样品 25 份、小麦样品 2057 份、玉米样品 269 份。经检验，稻谷样品质量指标达标率为 100%、小麦样品质量指标达标率为 99.5%、玉米样品质量指标达标率为 98.9%（见表5）。

表5 2019 年河北省库存粮食质量监测情况

单位：份，%

样品	稻谷	小麦	玉米
取样数	25	2057	269
达标率	100	99.5	98.9

（二）种养殖环节食用农产品质量安全状况

2019 年，全年省级农业部门抽检食用农产品样品 10834 份，总体合格率达到 99.3%；其中蔬菜、畜禽产品、水产品合格率分别为 99.2%、99.5%、97.6%；果品抽检（品种主要是梨、苹果、葡萄、桃、樱桃等主栽品种及柑橘类、香蕉、猕猴桃等市场主营主销品种）合格率达 100%（见图4），全省农产品质量安全状况持续向好。

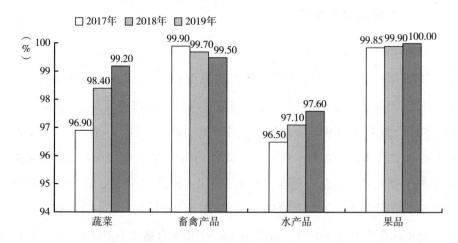

图4 2019 年河北省种养殖环节食用农产品质量安全监测总体合格率

（三）生产经营环节食品质量安全状况

2019年，全省各级市场监管部门组织开展的食品安全抽检监测（不包括保健食品）主要由国家抽检监测转移地方部分（以下简称国抽）、省本级抽检监测（以下简称省抽）、国家市场监管总局统一部署的市县食用农产品抽检（以下简称农产品抽检）、市本级抽检监测、县本级抽检监测5部分组成。截至2019年12月31日，5类任务共计完成抽检监测340406批次，共检出不合格（问题）样品6390批次，总体问题发现率为1.88%。

2019年，省级市场监管部门组织开展的食品安全抽检监测主要由国抽、省抽、农产品抽检3部分组成。截至2019年12月31日，3类任务共计完成抽检监测74223批次，共检出不合格（问题）样品3220批次（含标签不合格），总体问题发现率为4.34%〔既有监督抽检项目，也有风险监测项目，不合格（问题）样品中有105批次既是监督抽检不合格样品，也是风险监测问题样品〕。其中，监督抽检72698批次，检出不合格样品2980批次，不合格率为4.10%，其中实物不合格样品2503批次，监督抽检实物不合格率为3.44%（见表6）；风险监测6051批次，检出问题样品345批次，风险监测问题率为5.70%；省抽样品中有6146批次样品检验了标签项目，检出标签不合格535批次，标签抽检不合格率为8.70%。

表6 省级开展3类任务监督抽检情况

序号	任务类别	监督抽检批次	实物不合格批次	实物不合格率（%）
1	国抽	7462	187	2.51
2	省抽	16284	300	1.84
3	农产品抽检	48952	2016	4.12
	合计	72698	2503	3.44

3类任务对加工食品（含餐饮食品和食品添加剂，下同）监督抽检20817批次，对食用农产品监督抽检51881批次（见表7）。

表7　加工食品和食用农产品监督抽检批次

序号	任务类别	加工食品监督抽检批次	食用农产品监督抽检批次
1	国抽	6377	1085
2	省抽	14440	1844
3	农产品抽检	0	48952
	合计	20817	51881

1. 加工食品

2019 年，国家市场监管总局将加工食品分为 33 个食品大类（不含食用农产品），国抽、省抽对加工食品监督抽检共涵盖 31 个食品大类（未涵盖的食品大类为特殊膳食食品、特殊医学用途配方食品），加工食品监督抽检平均实物合格率为 98.12%，其中 19 个大类食品检出实物不合格样品。各类加工食品监督抽检情况详见表 8。

表8　2019 年河北省各类加工食品监督抽检情况

序号	食品大类	监督抽检批次	实物不合格批次	实物不合格率(%)
1	餐饮食品	1245	84	6.75
2	炒货食品及坚果制品	290	13	4.48
3	蔬菜制品	326	13	3.99
4	饮料	2734	109	3.99
5	淀粉及淀粉制品	602	20	3.32
6	糕点	1499	47	3.14
7	薯类和膨化食品	195	6	3.08
8	冷冻饮品	86	2	2.33
9	饼干	179	3	1.68
10	酒类	2236	36	1.61
11	食糖	64	1	1.56
12	肉制品	1724	21	1.22
13	食用油、油脂及其制品	1674	20	1.19
14	调味品	647	6	0.93
15	水产制品	152	1	0.66
16	方便食品	615	4	0.65
17	罐头	229	1	0.44

序号	食品大类	监督抽检批次	实物不合格批次	实物不合格率（%）
18	水果制品	723	3	0.41
19	速冻食品	369	1	0.27
20	粮食加工品	1964	0	0.00
21	乳制品	1740	0	0.00
22	豆制品	420	0	0.00
23	食盐	311	0	0.00
24	保健食品	269	0	0.00
25	糖果制品	194	0	0.00
26	蜂产品	84	0	0.00
27	茶叶及相关制品	78	0	0.00
28	蛋制品	75	0	0.00
29	婴幼儿配方食品	62	0	0.00
30	食品添加剂	27	0	0.00
31	可可及焙烤咖啡产品	4	0	0.00
	总计	20817	391	1.88

2. 食用农产品

2019年，国家市场监管总局将食用农产品分为7个食品亚类，3类任务对食用农产品监督抽检涵盖全部亚类，其中有6个亚类检出不合格样品，食用农产品监督抽检平均不合格率为4.07%（食用农产品不检标签项目，不合格产品均为实物不合格），食用农产品监督抽检情况详见表9。

表9　2019年河北省食用农产品监督抽检情况

序号	食用农产品亚类	监督抽检批次	不合格批次	不合格率（%）
1	水产品	4223	317	7.51
2	蔬菜	28562	1401	4.91
3	鲜蛋	2069	58	2.80
4	水果类	10642	279	2.62
5	生干坚果与籽类食品	246	5	2.03
6	畜禽肉及副产品	6014	52	0.86
7	豆类	125	0	0.00
	总计	51881	2112	4.07

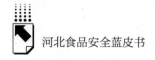

（四）食品相关产品

截至 2019 年 12 月 31 日，全省食品相关产品发证企业 994 家，其中塑料包装企业 868 家、纸包装企业 71 家、餐具洗涤剂企业 38 家、电热食品加工设备企业 17 家。涉及复合膜袋、非复合膜袋、编织袋、塑料工具、纸杯、纸碗等多种产品，各类企业所占比例如图 5 所示。

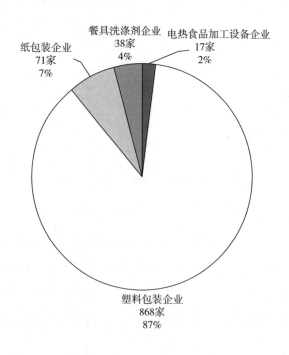

图 5　2019 年河北省食品相关企业比例

2019 年全年开展监督抽查产品 14 种、695 批次，涉及 460 家企业。产品包括复合膜袋、非复合膜袋、塑料容器、塑料工具、编织袋、餐具洗涤剂、电热食品加工设备、金属罐、纸制品、日用陶瓷、塑料片材、玻璃制品、竹木筷、安抚奶嘴。其中，实行生产许可证管理的产品 10 种、非生产许可证管理的产品 4 种（抽查产品比例见图 6）。共有 13 批次样品不合格，不合格率为 1.9%（见表 10）。

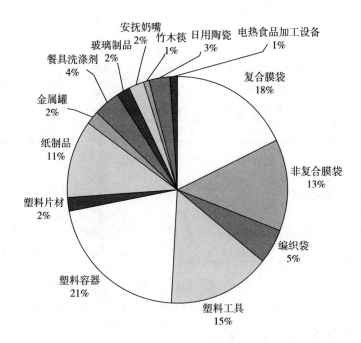

图6 2019年河北省食品相关产品抽查比例

表10 2019年河北省食品相关产品抽查情况

序号	样品类型	采样批次	不合格批次	不合格率（%）
1	复合膜袋	122	8	6.6
2	非复合膜袋	93	0	0
3	编织袋	34	2	5.9
4	塑料工具	107	1	0.9
5	塑料容器	149	0	0
6	塑料片材	16	0	0
7	纸制品	76	0	0
8	金属罐	10	0	0
9	餐具洗涤剂	29	2	6.9
10	日用陶瓷	22	0	0
11	玻璃制品	12	0	0

续表

序号	样品类型	采样批次	不合格批次	不合格率（%）
12	电热食品加工设备	5	0	0
13	安抚奶嘴	10	0	0
14	竹木筷	10	0	0
	合计	695	13	1.9

（五）进出口食品

2019 年石家庄关区检验检疫进出口食品共计 36803 批次，货值 15.69 亿美元，较 2018 年度批次增长 3.01%，货值减少 5.55%。其中进口食品 851 批次，货值 1.936 亿美元，较 2018 年度批次增长 4.16%，货值减少 4.11%；出口食品 35952 批次，货值 13.754 亿美元，较 2018 年度批次增长 2.99%，货值减少 5.75%（见表 11）。

表 11　2019 年石家庄关区检验检疫进出口食品情况

	进口食品	同比增减	出口食品	同比增减	合计
批次	851	↑4.16%	35952	↑2.99%	36803
货值（亿美元）	1.936	↓4.11%	13.754	↓5.75%	15.69

（六）食源性疾病监测情况

2019 年，全省 2577 家医疗机构开展食源性疾病病例监测，覆盖全部开展食源性疾病诊疗的乡镇卫生院和社区卫生服务中心及以上的医疗机构。

1. 食源性疾病病例、事件和主动监测

（1）食源性疾病病例监测。对疑似与食品有关、符合病例定义的生物性、化学性、有毒动植物性的感染或中毒病例、异常病例进行监测。监测内容包括症状与体征记录、饮食暴露史、临检结果、临床诊断等个案信息。

2577 家医疗机构全年共监测食源性疾病病例 48725 例。其中，99.75%

病例自诉了可疑暴露食品信息。监测病例数量最多的 3 个设区市分别为唐山市、石家庄市和沧州市（见表12）。

表12　2019 年河北省各设区市食源性疾病病例监测病例数量

单位：例，%

序号	地市	监测病例数	构成比	自诉可疑食品的病例数	构成比
1	唐山市	6522	13.39	6508	99.79
2	石家庄市	6196	12.72	6185	99.82
3	沧州市	4838	9.93	4811	99.44
4	承德市	4815	9.88	4806	99.81
5	张家口市	4480	9.19	4448	99.29
6	保定市	4464	9.16	4464	100
7	邯郸市	4092	8.4	4087	99.88
8	邢台市	3895	7.99	3883	99.69
9	廊坊市	3497	7.18	3495	99.94
10	衡水市	2651	5.44	2649	99.92
11	秦皇岛市	2483	5.1	2479	99.84
12	辛集市	227	0.47	225	99.12
13	定州市	565	1.16	563	99.65
	合计	48725	100	48603	99.75

（2）食源性疾病事件监测。2019 年全省通过食源性疾病暴发监测系统报告食源性疾病暴发共74 起，发病639 人，死亡1 人。其中30 人及以上2 起，30 人以下的72 起。1 例死亡病例是由食用海虹引起的麻痹性贝类毒素中毒所致。报告最多的分别是秦皇岛市（25 起）、石家庄市（13 起）、邯郸市（11 起）（见表13）。

表13　2019 年河北省各设区市食源性疾病暴发报告情况

单位：起，人

序号	地区	报告起数	发病人数	死亡人数
1	秦皇岛市	25	137	0
2	石家庄市	13	58	0
3	邯郸市	11	82	0
4	保定市	8	152	0

续表

序号	地区	报告起数	发病人数	死亡人数
5	唐山市	6	56	1
6	邢台市	5	115	0
7	衡水市	2	10	0
8	沧州市	2	4	0
9	承德市	1	14	0
10	定州市	1	11	0
11	廊坊市	0	0	0
12	张家口市	0	0	0
13	辛集市	0	0	0
	合计	74	639	1

（3）食源性疾病主动监测。2019 年在 18 家哨点医院开展食源性疾病病原检验监测工作，采集以腹泻症状为主诉就诊的门诊病例标本，由哨点医院的临床检验实验室和对应的疾病预防控制中心共同承担病原学生物样本检验。检测指标包括沙门氏菌、副溶血性弧菌、志贺氏菌、致泻大肠埃希氏菌、诺如病毒等。共采集病例标本 2834 份，病原体阳性检出 352 份，检出率为 12.42%。食源性疾病主动监测标本采集数量同比增加 390 份，阳性检出率同比提高 2.93 个百分点（见表 14）。

表 14　2019 年河北省 18 家哨点医院样品采集及检出情况

单位：份，%

序号	区县	哨点医院	标本数量	构成比	阳性数量	检出率
1	石家庄市	河北省石家庄市第一医院	139	4.90	53	38.13
2		河北省儿童医院	261	9.21	52	19.92
3		河北省石家庄市正定县人民医院	135	4.76	21	15.56
4	唐山市	河北省唐山市人民医院	125	4.41	2	1.6
5		河北省唐山市开滦医院	246	8.68	25	10.16
6	秦皇岛市	秦皇岛市第一医院	127	4.48	58	45.67
7	邯郸市	河北省邯郸市妇幼保健院	144	5.08	13	9.03
8		河北省邯郸市第一医院	191	6.74	28	14.66

序号	区县	哨点医院	标本数量	构成比	阳性数量	检出率
9	邢台市	邢台医专第二附属医院	153	5.40	6	3.92
10	保定市	保定市第一中心医院	128	4.52	4	3.13
11		保定市儿童医院	121	4.27	20	16.53
12	张家口市	张家口市第一医院	156	5.50	25	16.03
13	承德市	河北省承德市中心医院	127	4.48	5	3.94
14	沧州市	沧州市中心医院	199	7.02	11	5.53
15	廊坊市	河北省廊坊市人民医院	147	5.19	12	8.16
16		中国石油天然气集团公司中心医院	183	6.46	12	6.56
17		廊坊市文安县医院	127	4.48	1	0.79
18	衡水市	河北省衡水市哈励逊国际和平医院	125	4.41	4	3.2
		合计	2834	100	352	12.42

2. 食源性致病菌分子溯源工作

2019 年，河北省食源性致病菌分子分型网络 TraNetChina 更加完善。一是网络系统升级至覆盖国家、省级、地市级三级网络的 7.6 版本，升级后省级、地市级用户均可查询对应等级的数据库数据，并与本地数据进行实时对比分析，实现立体化的数据传输、查询和对比，从而实现河北省对食源性疾病的"早发现、早预防、早控制"。二是河北省 11 个设区市建立了当地食源性致病菌 PFGE 数据库，并与省疾控中心的数据库进行了对接，实现了全省 11 个设区市全覆盖。

全年共完成 415 株食源性致病菌分子分型。包括食品微生物风险监测分离菌株：沙门氏菌 5 株、致泻性大肠埃希氏菌 6 株；食源性疾病主动监测分离菌株：沙门氏菌 69 株、致泻性大肠埃希氏菌 58 株；食品安全事件分离菌株：沙门氏菌 7 株、金黄色葡萄球菌 1 株；其他来源分离菌株：致泻性大肠埃希氏菌 61 株、单核细胞增生李斯特氏菌 74 株、副溶血性弧菌 98 株、阪崎肠杆菌 35 株、金黄色葡萄球菌 1 株。

（七）市场监管部门大宗食品抽检情况

1. 蔬菜监督抽检合格率为95.1%

2019 年河北省监督抽检蔬菜 28562 批次，检出不合格产品 1401 批

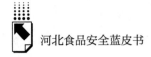

次，合格率为 95.1%（见图 7）。不合格项目包括腐霉利、毒死蜱、氧乐果、克百威、氟虫腈、氯氰菊酯和高效氯氰菊酯等农药残留，共计 28种。

2. 果品监督抽检合格率为97.4%

2019 年河北省监督抽检果品 10642 批次，检出不合格产品 279 批次，合格率为 97.4%（见图 8）。不合格项目主要为农药残留，包括吡唑醚菌酯、丙溴磷、克百威、联苯菊酯、三唑磷、多菌灵、氯氟氰菊酯、高效氯氟氰菊酯、苯醚甲环唑等 9 种。

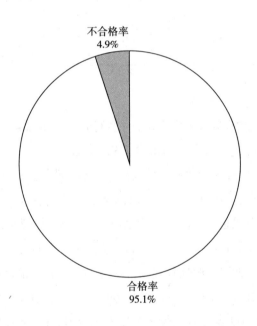

图 7　2019 年河北省蔬菜监督抽检情况

3. 水产品监督抽检合格率为92.5%

2019 年河北省监督抽检水产品 4223 批次，检出不合格产品 317 批次，合格率为 92.5%。不合格项目主要为兽药残留、重金属指标不合格和检出非食用物质。主要是恩诺沙星、氧氟沙星、氯霉素等兽药残留超标，镉含量超标，检出非食用物质孔雀石绿等（见图 9）。

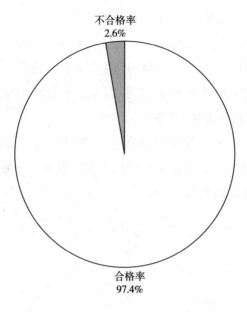

图8　2019 年河北省果品监督抽检情况

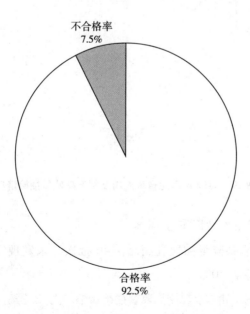

图9　2019 年河北省水产品监督抽检情况

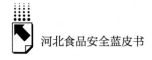

4. 畜禽肉及副产品监督抽检合格率为99.1%

2019年河北省共监督抽检畜禽肉及副产品6014批次，检出不合格产品52批次，合格率为99.1%。不合格项目主要为兽药残留。共检出恩诺沙星、氧氟沙星、氟苯尼考、甲氧苄啶、磺胺类等兽药残留11种（见图10）。

5. 肉制品实物监督抽检合格率为98.8%

2019年河北省共监督抽检肉制品1724批次，检出实物不合格产品21批次，合格率为98.8%。肉制品风险监测593批次，未发现问题样品。肉制品实物不合格项目如图11所示。

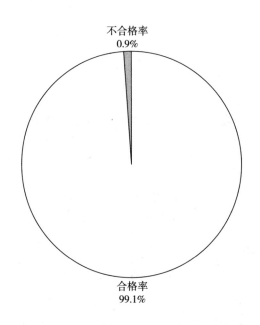

不合格率
0.9%

合格率
99.1%

图10 2019年河北省畜禽肉及副产品监督抽检情况

6. 乳制品监督抽检合格率为100%

2019年河北省共监督抽检乳制品1740批次，未发现实物不合格批次，乳制品综合合格率为100%。

7. 食用植物油、油脂及其制品监督抽检合格率为98.8%

2019年河北省共监督抽检食用植物油、油脂及其制品1674批次，检出实物不合格产品20批次，合格率为98.8%。食用植物油、油脂及其制品风

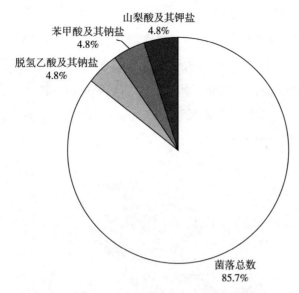

图11 2019年河北省肉制品实物不合格项目

险监测910批次，检出问题样品88批次，问题率9.7%。实物不合格（问题）项目如图12所示。

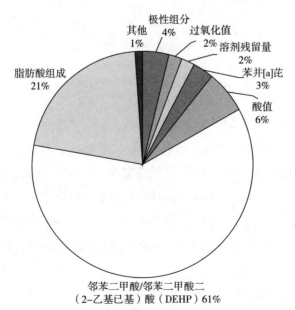

图12 2019年河北省食用植物油、油脂及其制品不合格（问题）项目

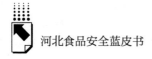
8. 酒类监督抽检合格率为98.4%

2019 年河北省共监督抽检酒类产品 2236 批次，检出实物不合格产品 36 批次，合格率为 98.4%。酒类风险监测 1277 批次，检出问题样品 42 批次，问题率为 3.3%。酒类不合格（问题）项目主要包括酒精度，总酯、固形物等其他品质指标，甲醇，甜蜜素等食品添加剂，邻苯二甲酸二丁酯等其他污染物，共计 5 类（见图 13）。

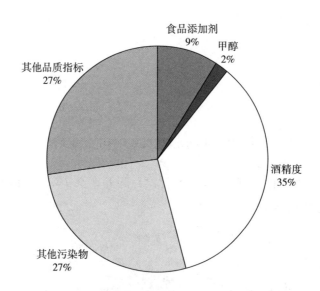

图 13 2019 年河北省酒类不合格（问题）项目

9. 饮料监督抽检合格率为96.0%

2019 年河北省共监督抽检饮料产品 2734 批次，检出实物不合格产品 109 批次，合格率为 96.0%。饮料风险监测 511 批次，检出问题样品 125 批次，问题率为 24.5%。饮料不合格（问题）项目主要包括铜绿假单胞菌、大肠菌群、菌落总数等微生物指标，以及耗氧量、界限指标 - 偏硅酸钙、蛋白质等品质指标，脂肪酸组成，植物源性成分鉴定等，如图 14 所示。

10. 调味品监督抽检合格率为99.1%

2019 年河北省共监督抽检调味品产品 647 批次，检出实物不合格产品 6

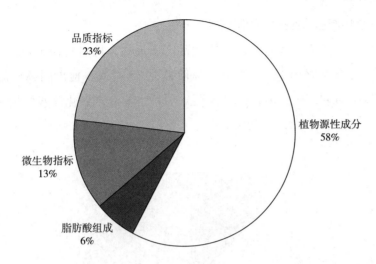

图14 2019 年河北省饮料不合格（问题）项目

批次，合格率为99.1%。调味品风险监测124批次，检出问题样品2批次，问题率为1.6%。不合格（问题）项目主要有苯甲酸及其钠盐、氨基酸态氮、总酸、防腐剂混合使用时各自用量占其最大使用量比例之和、邻苯二甲酸二丁酯（DBP）等，如图15所示。

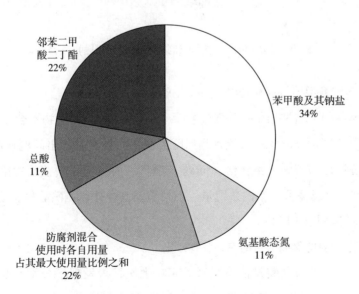

图15 2019 年河北省调味品不合格（问题）项目

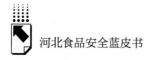
11. 水果制品监督抽检合格率为99.6%

2019 年河北省共监督抽检水果制品 723 批次，检出实物不合格产品 3 批次，合格率为 99.6%。水果制品风险监测 35 批次，检出问题样品 5 批次，问题率为 14.3%。不合格（问题）项目主要有二氧化硫残留量、铝的残留量、霉菌等，如图 16 所示。

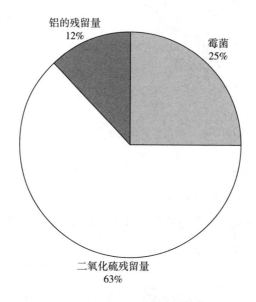

图 16　2019 年河北省水果制品不合格（问题）项目

12. 餐饮食品监督抽检合格率为93.3%

2019 年河北省共监督抽检餐饮食品 1245 批次，检出实物不合格产品 84 批次，合格率为 93.3%。餐饮食品风险监测 289 批次，检出问题样品 50 批次，问题率为 17.3%。不合格（问题）项目主要有复用餐饮具中阴离子合成洗涤剂、大肠菌群、铝的残留量、山梨酸及其钾盐、亚硝酸盐、动物源性成分鉴定等（见图 17）。

13. 豆制品监督抽检合格率为100%

2019 年河北省共监督抽检豆制品 420 批次，未发现不合格产品，合格率为 100%。豆制品风险监测 42 批次，检出问题样品 2 批次，问题率为

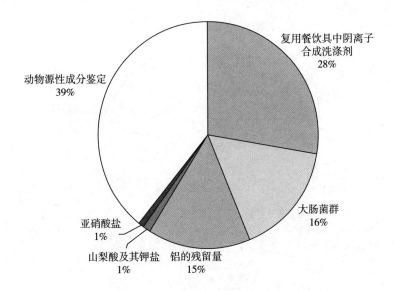

图17　2019年河北省餐饮食品不合格（问题）项目

4.8%，问题项目均为蛋白质。

14. 炒货食品及坚果制品监督抽检合格率为95.5%

2019年河北省共监督抽检炒货食品及坚果样品290批次，检出实物不合格13批次，合格率为95.5%。炒货食品及坚果制品风险监测40批次，检出问题样品1批次，问题率为2.5%。不合格（问题）项目主要有二氧化硫残留量、过氧化值、酸价、霉菌、黄曲霉毒素等。不合格（问题）项目比例如图18所示。

15. 淀粉及淀粉制品监督抽检合格率为96.7%

2019年河北省共监督抽检淀粉及淀粉制品602批次，检出实物不合格20批次，合格率为96.7%。淀粉及淀粉制品风险监测401批次，检出问题样品11批次，问题率为2.7%。不合格项目主要有铝的残留量、二氧化硫残留量、亮蓝3种。不合格（问题）项目比例如图19所示。

16. 蔬菜制品监督抽检合格率为96.0%

2019年河北省共监督抽检蔬菜制品326批次，检出实物不合格13批次，合格率为96.0%。蔬菜制品风险监测174批次，检出问题样品4批次，

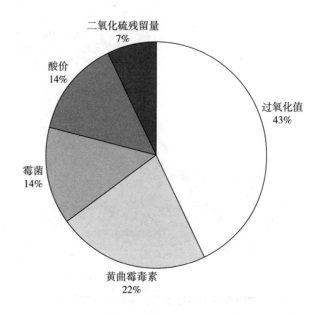

图 18　2019 年河北省炒货食品及坚果制品
不合格（问题）项目

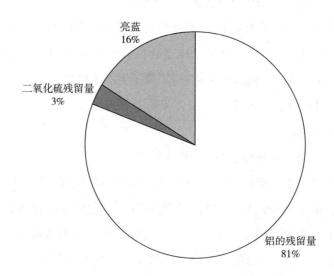

图 19　2019 年河北省淀粉及淀粉制品
不合格（问题）项目

问题率为2.3%。不合格项目主要有二氧化硫残留量、防腐剂混合使用时各自用量占其最大使用量比例之和、苯甲酸及其钠盐、糖精钠、大肠菌群等。不合格（问题）项目比例如图20所示。

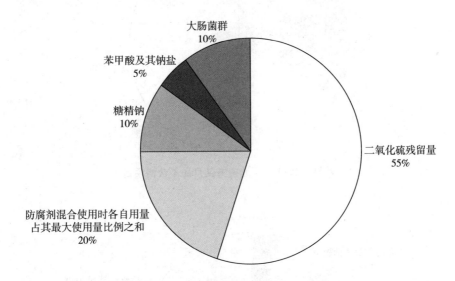

图20　2019年河北省蔬菜制品不合格（问题）项目

17. 方便食品监督抽检合格率为99.3%

2019年河北省共监督抽检方便食品615批次，检出实物不合格4批次，合格率为99.0%。方便食品风险监测39批次，未发现问题样品。不合格项目主要有霉菌、菌落总数、大肠菌群等，如图21所示。

18. 糕点食品监督抽检合格率为96.9%

2019年河北省共监督抽检糕点食品1499批次，检出实物不合格47批次，合格率为96.9%。糕点风险监测82批次，检出问题样品5批次，问题率为6.1%。不合格（问题）项目主要有防腐剂混合使用时各自用量占其最大使用量比例之和、酸价、过氧化值、脱氢乙酸及其钠盐、菌落总数、霉菌等，如图22所示。

19. 冷冻饮品监督抽检合格率为97.7%

2019年河北省共监督抽检冷冻饮品86批次，检出实物不合格2批次，

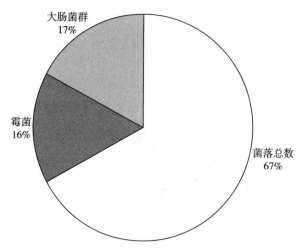

图 21　2019 年河北省方便食品不合格项目

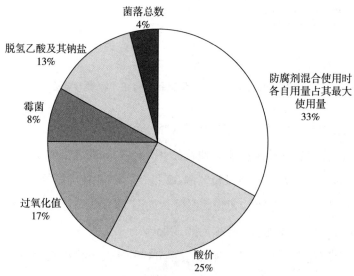

图 22　2019 年河北省糕点食品不合格（问题）项目

合格率为 97.7%，不合格项目为大肠菌群。冷冻饮品风险监测 62 批次，未发现问题样品。

20. 糖果制品监督抽检合格率为 100%

2019 年河北省共监督抽检糖果制品 194 批次，未检出不合格产品，综合合格率为100%。糖果制品风险监测62批次，检出问题样品1批次，问题率为1.6%，问题项目为菌落总数。

21. 饼干监督抽检合格率为98.3%

2019年河北省共监督抽检饼干样品179批次，检出实物不合格3批次，合格率为98.3%。饼干风险监测40批次，检出问题样品1批次，问题率为2.5%。不合格（问题）项目是过氧化值、二氧化硫残留量，如图23所示。

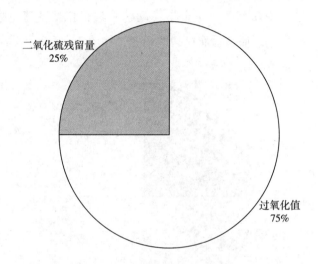

图23　2019年河北省饼干食品不合格（问题）项目

22. 罐头监督抽检合格率为99.6%

2019年河北省共监督抽检罐头样品229批次，检出实物不合格1批次，合格率为99.6%，不合格项目是商业无菌。罐头风险监测3批次，未发现问题样品。

23. 食糖监督抽检合格率为98.4%

2019年河北省共监督抽检食糖样品64批次，检出实物不合格1批次，合格率为98.4%，不合格项目为色值。

24. 食品添加剂监督抽检合格率为100%

2019年河北省共监督抽检食品添加剂27批次，未检出不合格产品，综合合格率为100%。食品添加剂风险监测62批次，未发现问题样品。

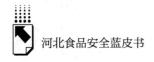

25. 婴幼儿配方食品监督抽检合格率为100%

2019 年河北省共监督抽检婴幼儿配方食品 62 批次，未检出不合格产品，综合合格率为 100%。婴幼儿配方食品风险监测 63 批次，未发现问题样品。

26. 薯类和膨化食品监督抽检合格率为96.9%

2019 年河北省共监督抽检薯类和膨化食品 195 批次，检出实物不合格 6 批次，合格率为 96.9%。薯类和膨化食品风险监测 175 批次，检出问题样品 1 批次，问题率为 0.57%。不合格（问题）项目包括菌落总数、铝的残留量、酸价、糖精钠、脱氧雪腐镰刀菌烯醇，如图 24 所示。

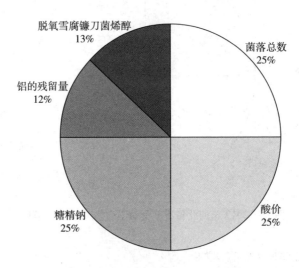

图 24　2019 年河北省薯类和膨化食品不合格（问题）项目

27. 蜂产品监督抽检综合合格率为100%

2019 年河北省共监督抽检蜂产品 84 批次，未检出实物不合格批次，综合合格率为 100%。蜂产品风险监测 25 批次，检出问题样品 1 批次，问题率为 4.0%，问题项目是碳 −4 植物糖含量。

28. 粮食加工品监督抽检合格率为100%

2019 年河北省共监督抽检粮食加工品 1964 批次，未检出不合格产品，综合合格率为 100%。粮食加工品风险监测 208 批次，检出问题样品 1 批次，问题率为0.48%，问题项目为铝的残留量。

29. 茶叶及相关制品监督抽检合格率为100%

2019年河北省共监督抽检茶叶及相关制品78批次，未检出不合格产品，综合合格率为100%。茶叶及相关制品风险监测35批次，未发现问题样品。

30. 水产制品监督抽检合格率为99.3%

2019年河北省共监督抽检水产制品152批次，检出1批次不合格产品，综合合格率为99.3%，不合格项目为镉含量超标。水产制品风险监测25批次，未发现问题样品。

（八）省级市场监管环节食品安全专项抽检监测情况

2019年，河北省市场监督管理局共组织开展了14个省本级食品安全专项抽检监测，具体包括校园周边食品，学校、托幼机构食堂，农村市场，网络订餐食品，枣酒、散装白酒，进口食品，网络销售食品，食盐，乳品，粽子，旅游旺季，冬奥食品，有机蔬菜等。现选取社会关注度较高的5项抽检监测情况作简要陈述。

1. 校园周边食品抽检监测情况

校园周边食品专项抽检125批次，检出不合格（问题）样品2批次，问题发现率为1.6%。抽检品种包括6个食品大类，分别为饮料、糕点、饼干、冷冻饮品、薯类和膨化食品、糖果制品，检验项目主要为食品添加剂、微生物、重金属等项目。其中1批次饮料和1批次冷冻饮品检出微生物项目不合格。

2. 学校、托幼机构食堂专项抽检监测情况

学校、托幼机构食堂专项抽检550批次，检出不合格（问题）样品52批次，问题发现率为9.5%。抽检品种包括食用植物油、酱油、粉丝粉条、餐饮具4类，检验项目主要为品质指标、食品添加剂、微生物、重金属、塑化剂等项目。主要不合格品种为餐饮具，其问题项目集中在阴离子合成洗涤剂（以十二烷基苯磺酸钠计）、大肠菌群等。各品种问题发现率情况详见表15。

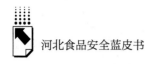

表15 2019年河北省学校、托幼机构食堂专项抽检各品种问题发现率情况

序号	食品类别	抽检批次	不合格批次	问题批次	问题发现率（%）
1	餐饮具	220	38	0	17.3
2	食用植物油	55	0	3	5.5
3	粉丝粉条	220	6	5	4.5
4	酱油	55	1	0	1.8
	总计	550	45	8	9.5

注：1批次粉丝粉条样品既是监督抽检不合格样品，也是风险监测问题样品。

3. 枣酒、散装白酒专项抽检监测情况

枣酒是河北省石家庄、保定等地特色食品，生产工艺控制不当易出现甲醇含量超标；散装白酒由于销售方式特殊，可能存在虚假标注酒精度，运输、贮存、销售易受到包装容器及周边环境的污染等问题。2019年，枣酒、散装白酒专项抽检80批次，检出不合格（问题）样品4批次，问题发现率为5%。本次抽检品种主要为散装白酒和以红枣为主要原料经发酵蒸馏等工艺制成的枣酒，检验项目主要为酒精度、甲醇、氰化物、塑化剂等项目。不合格（问题）项目主要集中在酒精度和邻苯二甲酸二丁酯（DBP）等方面。各品种问题发现率情况详见表16。

表16 2019年河北省枣酒、散装白酒专项抽检各品种问题发现率情况

序号	食品类别	抽检批次	不合格批次	问题批次	问题发现率（%）
1	散装白酒	60	4	3	6.7
2	枣酒	20	0	0	0.0
	总计	80	4	3	5.0

注：3批次散装白酒既是监督抽检不合格样品，又是风险监测问题样品。

4. 进口食品专项抽检监测情况

本次进口食品专项计划抽检200批次，实际完成201批次，完成率为100.5%。检出不合格（问题）样品8批次，问题发现率为4%。本次抽检品种包括9个食品大类，分别为糖果制品、薯类和膨化食品、饼干、糕

点、饮料、酒类、食用油、炒货及坚果制品、乳制品，检验项目主要为品质指标、食品添加剂、微生物、重金属等项目。薯类和膨化食品不合格项目为菌落总数和糖精钠，饮料不合格项目为溴酸盐，糕点不合格项目为霉菌，饼干不合格项目为过氧化值。各食品大类问题发现率情况详见表17。

表17　2019年河北省进口食品专项抽检各食品大类问题发现率情况

序号	食品大类	抽检批次	不合格批次	问题批次	问题发现率（%）
1	薯类和膨化食品	14	4	0	28.6
2	饮料	36	2	0	5.6
3	糕点	18	1	0	5.6
4	饼干	29	1	0	3.4
5	酒类	37	0	0	0.0
6	食用油	21	0	0	0.0
7	糖果制品	21	0	0	0.0
8	炒货及坚果制品	15	0	0	0.0
9	乳制品	10	0	0	0.0
	总计	201	8	0	4.0

5. 网络销售食品专项抽检监测情况

本次网络销售食品专项计划抽检150批次，实际完成152批次，完成率为101.3%。检出不合格（问题）样品6批次，问题发现率为3.9%。本次网络销售食品专项实际抽检涉及16个食品大类，检验项目主要为品质指标、食品添加剂、微生物、重金属等项目。不合格项目主要集中在品质指标（酸价）、微生物（菌落总数、大肠菌群、商业无菌）等方面。各食品大类问题发现率情况详见表18。

表18　2019年河北省网络销售食品专项抽检各食品大类问题发现率情况

序号	食品大类	抽检批次	不合格批次	问题批次	问题发现率（%）
1	罐头	5	1	0	20.0
2	酒类	8	0	1	12.5
3	速冻食品	10	1	0	10.0

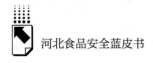

续表

序号	食品大类	抽检批次	不合格批次	问题批次	问题发现率(%)
4	薯类和膨化食品	23	2	0	8.7
5	方便食品	17	1	0	5.9
6	豆制品	26	0	0	0.0
7	淀粉及淀粉制品	12	0	0	0.0
8	调味品	10	0	0	0.0
9	水果制品	10	0	0	0.0
10	肉制品	10	0	0	0.0
11	水产制品	5	0	0	0.0
12	蔬菜制品	5	0	0	0.0
13	饮料	4	0	0	0.0
14	食糖	3	0	0	0.0
15	蜂产品	2	0	0	0.0
16	粮食加工品	2	0	0	0.0
	总计	152	5	1	3.9

（九）省级抽检监测中发现的问题及原因分析

2019年，省级农产品质量安全监测发现的主要问题如下。一是蔬菜中叶菜类农药残留超标较多，占总超标样品的70.3%。不合格蔬菜样品中禁用农药较突出，氟虫腈和克百威达56.4%。二是牛羊养殖环节非法使用"瘦肉精"的情况时有发生，存在一定的风险隐患；蛋鸡养殖中违规使用喹诺酮类药物现象较为突出，存在违规使用禁用兽药和休药期执行不严的情况。三是水产品中常规药物恩诺沙星、环丙沙星超标问题相对突出，禁用化合物孔雀石绿检出问题依然存在。

2019年，省级市场监管部门抽检监测发现的主要问题及原因分析如下。

1.加工食品实物不合格项目及问题项目原因分析

从加工食品生产经营链条分布来看，主要由以下6个方面原因造成产品不合格及问题样品。

第一，32.0%的不合格（问题）项目怀疑是故意以次充好降低成本。例如，植物油中脂肪酸组成不符合标准要求，怀疑是在高价植物油中掺入低价植物油；植物蛋白饮料的植物源性成分与标签明示成分不符，怀疑是掺入了廉价的植物蛋白成分；驴肉、羊肉制品动物源性成分与标签明示不符，怀疑是掺入了其他廉价的肉类品种。

第二，22.5%的不合格（问题）项目主要是由于生产工艺不合理或控制不当导致。例如，白酒及植物油的生产、贮存设备设施存在含塑料的材质，导致塑化剂超标；餐饮具在使用洗涤剂后清洗不彻底，导致阴离子合成洗涤剂超标；白酒在发酵勾兑环节控制不当或贮存时间过长，导致总酯含量不达标；枣酒在发酵环节控制不当，导致甲醇超标；植物油的原料在炒制过程中温度过高，导致成品的苯并[a]芘超标；饮用水在灭菌过程中控制不当，导致溴酸盐超标等。

第三，15.8%的不合格（问题）项目主要是由于产品配方不合理或未严格按配方投料，主要表现在食品添加剂超范围或超量使用。

第四，13.2%的不合格（问题）项目主要是由于生产、运输、贮存、销售等环节卫生防护不良，食品受到污染导致微生物指标超标。

第五，10.3%的不合格（问题）项目主要是人为降低成本导致品质指标不达标，或在标签中虚假宣传导致产品实际含量达不到标签明示值。例如，酱油的氨基酸态氮不合格、饮料的蛋白质不合格、白酒的酒精度不合格均怀疑是人为降低指标以降低成本；饮料虚假宣传是高钙饮料，但实际产品的钙含量与标签明示值不符等。

第六，6.2%不合格（问题）项目主要是由于原料进厂把关不严使用了不合格原料，或是成品贮存温度过高、时间过长、产品包装密封性不良等贮存条件控制不当。例如，部分食品的酸价、过氧化值不合格主要是由于使用了不合格的植物油原料或者贮存时间过长；炒货食品的黄曲霉毒素超标、膨化食品脱氧雪腐镰刀菌烯醇超标主要是由于使用了霉变的原料；蛋制品、肉制品兽药残留检出问题项目主要是由于畜禽在养殖环节使用兽

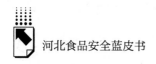

药不规范；水产品食品原料本身重金属含量偏高导致成品食品的重金属超标等。

2. 市场监管环节食用农产品不合格项目原因分析

从食用农产品种植、养殖、初级加工的环节分布来看，主要由以下 7 个方面原因造成产品不合格（问题）样品。

第一，66.4% 的不合格项目主要是由于蔬菜、水果在种植环节使用农药不规范导致农药残留。

第二，12.3% 的不合格项目主要是由于水质污染导致水产品重金属超标。

第三，11.9% 的不合格项目主要是由于豆芽在种植加工环节违规使用植物生长调节剂。

第四，7.5% 的不合格项目主要是畜禽在养殖环节使用兽药不规范导致兽药残留超标。

第五，1.2% 的不合格项目主要是由于食用菌、水产品等农产品在初加工过程中超量使用二氧化硫等食品添加剂。

第六，0.5% 的不合格项目主要是生干坚果与籽类在贮存过程中霉变导致真菌毒素超标，畜禽肉贮存条件不当导致挥发性盐基氮超标等。

第七，0.2% 的不合格项目是由于食用农产品在初加工和运输过程中违规使用非食用物质，例如水产品违规使用孔雀石绿。

3. 食品标签不合格原因分析

本次抽检监测中标签不合格多数属于标注不规范，例如营养标签营养素参考值计算错误、净含量字符高度不够、未使用规范的食品添加剂名称等；但是也存在食品标签故意误导消费者的情况，例如食品名称没有反映商品的真实属性、主展示版面食品名称利用字号大小和色差误导消费者、主展示版面通过暗示性文字误导消费者等。主要原因：一是生产企业认为标签不合格不影响实际产品质量，对食品标签不够重视；二是涉及食品标签的标准法规比较多，一些中小企业对相应的标准法规没有深入学习掌握；三是涉及食品标签的标准法规均是文字性条款，生产企业对相应标准法规的理解可能存在歧义；四是个别生产企业为提高产品销量故意在标签设计上误导消费者。

三 投诉举报情况

2019年，全省市场监管系统共接收食品类投诉举报信息48889件，其中咨询10158件、投诉7943件、举报30788件（见图25）。

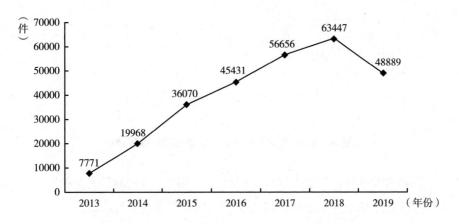

图25 2013～2019年河北省食品类投诉举报接收量

从接收数量上分析，食品类投诉举报总量有所下降，而投诉类案件增长明显。主要原因为市场监管投诉举报热线整合完成后，实现12315一号对外，数据统计更加准确，在食品类投诉举报中，咨询数量同比下降53.41%。

在食品投诉举报信息接收渠道中，电话仍为主要渠道，占比高达92.7%；网络的接收量为1156件，占总量的2.36%；信件的接收量为338件，占总量的0.69%；走访的接收量为1192件，占总量的2.44%；其他渠道的接收量为887件，占总量的1.81%（见图26）。

（一）食品类咨询热点分析

2019年全省共接收咨询10158件，同比下降53.41%。

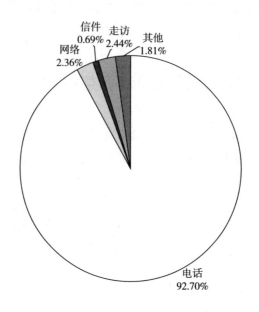

图26 2019年河北省投诉举报信息接收渠道情况

咨询的大多内容为案件进展、行政许可问题、买到的是否为批准生产产品、保健食品是否可以治病、以会议形式销售保健食品等问题。

（二）食品类投诉热点分析

全省市场监管系统共接收食品类投诉7943件，其中商品类投诉7814件，占投诉总量的98%；服务类投诉129件，占投诉总量的2%（见图27）。

按从消费投诉发生渠道分类，线下实体销售投诉占投诉总量的64.7%，网络购物等线上消费投诉占投诉总量的35.3%（见图28）。数据表明，实体销售是产生消费纠纷的主要渠道。

2019年全省市场监管系统共受理投诉87992件，其中商品类76841件。投诉排前五位的是食品（7814件），占10.2%；家居用品（7060件），占9.2%；交通工具（6295件），占8.2%；服装鞋帽（4358件），占5.7%；家用电器（2862件），占商品类投诉总量的3.7%。数据表

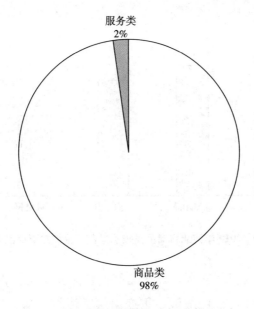

图 27　2019 年河北省食品类投诉类别分布

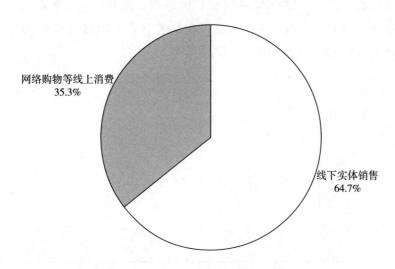

图 28　2019 年河北省食品消费投诉发生渠道分类

明，食品类投诉占全部商品类投诉的第一位，是公众关注的重点（见图29）。

按性质分，食品类投诉举报反映问题排前四位的分别是质量类，占

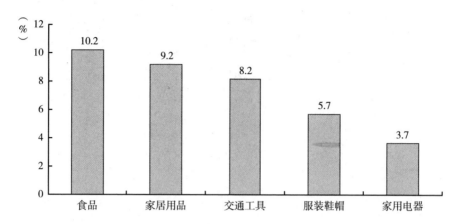

图29 2019年河北省商品类投诉排前五位的热点商品分类

24%，主要表现是以假充真、以次充好；食品安全类，占18%，主要表现是经营腐败变质、油脂酸败、霉变生虫、污秽不洁、混有异物、掺杂掺假或者感官性状异常的食品问题；价格类，占6%，主要表现为不明码标价等；合同类，占4%，主要表现是经营者拒不履行合同约定（承诺）的侵权行为（见图30）。

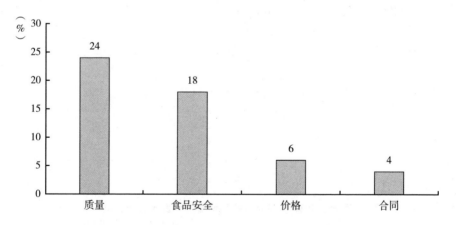

图30 2019年河北省食品类投诉排前四位的热点性质分类

按环节分类，食品类投诉举报反映的主要问题集中在流通环节，占63%；其次是餐饮环节，占32%；生产环节最少，占5%（见图31）。

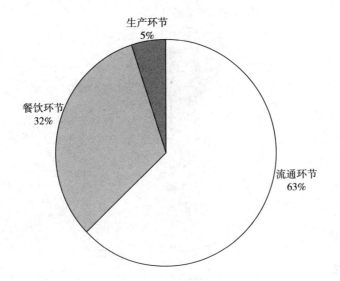

图31　2019年河北省食品类投诉环节分布

投诉反映的主要问题有：经营腐败变质、油脂酸败、霉变生虫、污秽不洁、混有异物、掺杂掺假或者感官性状异常的食品问题；经营不符合食品安全标准或要求的食品；经营超过保质期的食品。

被投诉数量较多的产品品种有蛋糕、面包、红枣和葡萄干（见图32）。

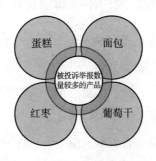

图32　2019年河北省食品类投诉产品品种热点

保健食品类投诉反映的主要问题集中在流通环节，占90%，使用环节和生产环节较少，总共只占10%（见图33）。突出的问题为以会议形式销售保健食品、从网络渠道购买的保健食品无中文标签。

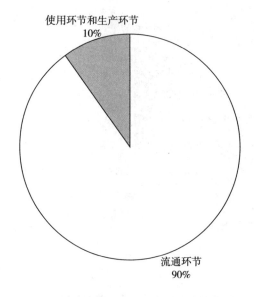

图 33　2019 年河北省保健食品类投诉环节分布

四　2019年食品安全工作成效及存在问题

（一）深化党政同责，全面落实属地管理责任

河北省委、省政府高度重视食品安全工作，省委书记王东峰、省长许勤带头落实食品安全党政同责，省委全会、省政府工作报告就食品安全工作提出明确要求。常务副省长袁桐利、副省长夏延军、副省长时清霜切实履行省政府食品安全委员会和分管领导职责，全力推动食品安全工作。2019 年多次召开省委常委会议、省政府常务会议、省政府党组会议、省长办公会议，研究解决食品安全领域重大问题，安排部署重点工作。各级党委、政府自觉将落实食品安全党委领导责任和政府属地责任，作为当好首都政治"护城河"的现实检验。

（二）稳步推进实施，各项重大部署落地生根

一是高位引领，统筹推进。省、市、县三级食品安全委员会主任分别由

许勤省长和各市县政府主要负责同志担任，组织全省深入学习宣传贯彻《地方党政领导干部食品安全责任制规定》和《食品安全法实施条例》，督促各级将食品安全作为"一把手"工程，制定责任清单，召开会议研究食品安全工作，深入一线开展专题调研，听取工作汇报，解决重大问题，部署重点工作。《中共中央　国务院关于深化改革加强食品安全工作的意见》（以下简称《意见》）出台后，省委、省政府于2019年6月2日印发实施了《关于深化改革加强食品安全工作的若干措施》，河北在全国第一个出台落实中央《意见》的政策措施，各地也均出台了配套文件。

二是突出督查，加强考评。省委连续6年将食品安全列入对地方党政领导班子和领导干部年度综合考核定量指标体系，早在2014年就出台落实食品安全党政同责的意见，将食品安全党政同责落实情况列入巡视巡察和大督查重点内容。省委、省政府连续2年将食品安全列入20项民心工程。省政府连续出台两个"食药安全诚信河北"三年行动计划，明确目标任务，细化责任分工，落实约谈通报，一级抓一级，层层抓落实，全省各级食品安全工作得到进一步强化，监管机制不断健全，监管力量和技术支撑不断加强，食品安全整体保障水平不断提升。

三是健全机制，强化协调。健全省、市、县三级食品安全委员会及其办公室，乡镇（街道）实现食品安全综合协调机构全覆盖，着力强化各级食品安全委员会及其办公室统筹协调、监督指导作用。省政府食安办每季度召开全省食品安全风险防控联席会议，排查隐患、化解风险，综合运用督导检查、考核评议、约谈通报等手段，指导全省各级扎实开展体系建设、宣传引导、应急管理等工作，制定监管事权清单，明确部门职责，有力推动了食品安全党政同责和"管行业就要管食品安全"责任机制的落实。围绕落实中央决策和冬奥保障、70周年大庆安保等重大活动、关键节点，省政府食安办第一时间统一部署、统一调度，形成合力，确保安全。实施网格化监管工程，建立县、乡、村三级网格，分别达201个、2523个和52626个，5.8万余名协管员在调查摸底、隐患排查、聚餐登记、宣传教育等方面发挥了积极作用。及时修订《河北省食品小作坊小餐饮小摊点管理条例》，58万余家食

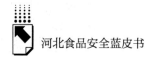
品"三小"实现监管全覆盖。梳理食品安全法律、法规，制定了行政许可、行政强制等 8 个清单。全省域开展国家食品安全示范城市和农产品质量安全县创建活动。会同京津深入开展"京津冀食品和农产品质量安全示范区"建设，环京津市与京津多地建立食品安全协作机制，完善联动保障体系，全省食品安全治理能力和治理体系现代化水平不断提升。

四是加大财政保障投入力度。各级将食品安全纳入国民经济和社会发展规划、政府工作报告重点任务，将食品安全工作经费纳入财政预算，投入保障逐年稳步上升。省财政 2019 年安排省市场监管局食品相关经费共计10490 万元，安排省公安厅食品药品安保专项经费 150 万元，2020 年进一步加大食品安全经费保障力度。安排 27264 万元用于农产品质量安全监管与动物防疫补助，其中安排 10346 万元用于农产品质量安全监管，2020 年安排36628 万元补助，较 2019 年增长 34.35%。每年安排省级粮油质量检测经费200 万元，2020 年安排 316 万元，较 2019 年增长 58%。

（三）强化源头治理，净化产地环境

加大农村环境综合整治力度，开展受污染耕地安全利用和治理与修复工作，选择安新、雄县等 10 个县开展耕地土壤环境质量类别划分试点工作。开展地产农产品质量安全监测，对监测发现的问题采取切实有效的防控措施。开展化肥农药减量增效、水产养殖用药减量、兽药抗菌药治理行动，编印《农业投入品使用规定汇编》，系统梳理规范禁限用农兽药、农兽药安全间隔期休药期，全省 22 家养殖企业被评为部、省级兽用抗菌药使用减量化达标企业。推进餐厨废弃物集中收集、资源化利用和无害化处理项目建设，石家庄、唐山、秦皇岛已建成运行，承德、邯郸基本建成。

（四）实施过程管控，推进整治提升

实施食品安全战略和食品药品安全工程，推进《"食药安全 诚信河北"行动计划（2018～2020 年）》，积极推广危害分析及关键控制点管理体系（HACCP）等先进质量安全管理体系，全省 518 家规模以上食品生产企

业完成认证。深入推进食品集中生产区整治提升，全省18个区域特色食品生产集中区得到治理提升。支持具有区域带动作用的10个优质冷链物流项目6200万元。实施食品食用农产品集中交易市场整治提升，全省269家市场达标。组织第三方考核，认定62家单位为2019年度省级"放心肉菜示范超市"。深化餐饮质量安全提升工程。对学校食堂、学生集体用餐配送单位、校园周边餐饮门店及食品销售单位实行全覆盖监督检查，落实学校食品安全校长（园长）负责制，全面推广校长和家长委员会代表陪餐制，"邢台经验"得到孙春兰副总理批示。创建省级校园食品安全标准食堂119家，14180家学校食堂达到良好以上食品安全量化等级，"明厨亮灶"覆盖率达到95.64％。开展保健食品"五进"专项科普宣传，保健食品日常监管覆盖全部项目。围绕重大活动、重大节日开展明察暗访，强化督导检查，坚决防范化解风险隐患。

（五）严打违法犯罪，保持高压震慑

紧紧围绕群众操心事、烦心事、揪心事开展了一系列食品安全整治行动。按照国家统一部署，开展了整治食品安全问题联合行动，教育部副部长钟登华来河北督导，给予充分肯定和高度评价；承办了10省（区）违法食品公开销毁现场会主会场活动，销毁假冒伪劣食品61.82吨。以"山寨"食品、保健食品、校园食品、食用农产品为重点，开展食品安全方面漠视侵害群众利益问题和损害群众利益问题"两个专项整治"；深入开展整治"保健"市场乱象百日行动，着重打击食品保健、食品欺诈和虚假宣传，河北省查处案件数量居全国第二，罚没金额居全国第一。密集开展食品安全专项执法稽查，蛋禽违规用药、水产养殖违规用药、农药隐形添加、进口冻品、网络餐饮食品违法犯罪，农村食品安全治理等系列专项行动。2019年，全省市场监管系统共办结各类食品违法违规案件16047件，行政处罚1.09亿元。公安机关立案侦办食品犯罪案件586起，抓获犯罪嫌疑人778人，捣毁黑工厂、黑窝点213个，涉案金额近3.7亿元，发起全国集群战役10起。

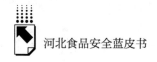

（六）创新监管手段，夯实基层基础

实施"智慧食药监"工程，8 大业务平台、47 个子系统建成投用。推广完善"药安食美"手机 App，开启掌上监督新模式。制修订省级农业地方标准 65 项，企业标准备案 1825 份。全年计划开展风险监测食品样品 3872 份，实际完成 4078 份，完成率达 105.32%。2577 家医疗机构开展食源性疾病病例监测，覆盖了全部乡镇卫生院和社区卫生服务中心及以上的医疗机构。完成食品抽检 29.8 万批次；对 7 家婴幼儿配方乳粉企业体系检查全覆盖，乳制品抽检合格率为 100%。整合畅通 12315 投诉举报主渠道，共接收食品（含保健食品）投诉举报信息 48889 件，按时办结率 100%。扎实开展食用林产品质量安全及产地环境风险监测，对发现的问题采取针对性措施。完善跨区域跨部门的应急管理协作联动和信息共享机制，及时修订应急预案，开展应急演练，突发事件应对处置能力进一步提升。

（七）服务产业发展，推进转型升级

省委、省政府印发了《关于调整产业结构优化产业布局的指导意见》，重点支持行唐乳业等 18 个食品特色产业集群发展，辐射食品生产企业 1293 家，年销售收入 1300 亿元；实施《河北省奶业振兴规划纲要（2019 ~ 2025 年)》和《河北省人民政府关于加快推进奶业振兴的实施意见》，实施国产婴幼儿配方乳粉三大行动计划，真金白银支持乳业发展，得到了国务院副总理胡春华的肯定性批示。省工业和信息化厅组织开展了食品质量安全追溯体系建设项目评选，对君乐宝等 3 家完成项目建设单位给予资金补贴。进一步贯彻落实"放管服"要求，理顺优化特殊食品生产许可工作，将许可时限由法定 20 个工作日缩短到 13 个工作日，目前省级已完成许可 50 项。

（八）加强协作配合，促进社会共治

强化部门协作配合，行政部门与公检法机关出台行刑衔接意见；市场监管与教育、商务、住房和城乡建设、农业农村、文化和旅游、交通运输等部门建立健全了校园食品安全、交易市场整治提升、餐厨废弃物处置、病死畜禽无害化处理、旅游景区和高速服务区餐饮监管等协作机制。与检测机构、优秀企业、中小学校共建"食品安全宣教基地"，18所高校设置了26个食品相关专业。强化失信联合惩戒，落实"黑名单"管理等制度，建立舆情监测、快速处置和谣言粉碎机制，健全相关配套措施。开展食品安全宣传周活动，组织科普普法，融合传统媒体和"三网两微一端一抖"等新媒体，着力提升群众维权意识和能力。全面推广食品安全责任保险，全省共签单6226笔，实现保费收入1526.21万元，提供风险保障144.34亿元。

虽然全省食品安全综合治理能力和保障水平稳步提升，但也面临着许多新情况、新问题。一是群众关心关注的食品安全问题有待进一步解决。在传统安全风险尚未完全消除的情况下，环境污染向食物迁移、网络餐饮安全等新问题日渐凸显；食品蔬果农残超标、畜禽水产品"两超一非"等问题依然存在；制假售假、非法添加等问题仍时有发生；保健食品消费欺诈、"山寨食品"等现象尚未根治。二是食品产业水平有待进一步提升。全省食品产业总体"小散乱"问题较为突出，高附加值产品和知名品牌不多，产业规模化、集约化水平不高的问题仍未从根本上改观。食品销售者异地仓储、跨境电商、网络订餐、食品销售第三方平台等新业态逐步兴起，缺乏必要的法律、法规支撑和切实可行的监管措施。三是监管能力有待进一步提高。部分市县基础设施、执法装备、监管手段、检测能力相对落后，与日益繁重的工作任务不适应、不匹配。彻查处置、公开曝光、处罚到人等要求没有完全落实，严惩重处的态势尚未真正形成。

五 深化改革，全面加强2020年食品安全工作

2020年是全面建成小康社会和"十三五"规划收官之年，做好食品安全工作，要以习近平新时代中国特色社会主义思想为指导，深入贯彻落实党中央、国务院和省委、省政府关于食品安全工作的安排部署，遵循"四个

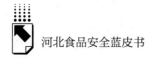

最严"要求,落实省委、省政府《关于深化改革加强食品安全工作的若干措施》和省政府《"食药安全 诚信河北"行动计划（2018～2020年）》,围绕解决人民群众普遍关心的突出问题,大力推进食品安全放心工程攻坚行动,切实增强人民群众获得感、幸福感、安全感,努力为新时代全面建设经济强省、美丽河北做出新的更大贡献。

（一）推进农药兽药使用减量行动

杜绝使用禁用农药兽药及非法添加物。农药利用率达40%以上,主要农作物化肥利用率达40%以上,开展抗菌药减量化试点。深入贯彻《农药管理条例》,深化农药市场专项整治,为蔬菜、水果产品质量安全和绿色生产提供物质保障。做好日常兽药监管和兽药及药物残留监督抽检工作。主要农作物病虫害绿色防控覆盖率达到30%以上,专业化统防统治覆盖率达到40%以上。

（二）推进产地环境净化提升行动

加快组织开展耕地土壤环境质量类别划分,100%完成全省耕地质量类别划分年度任务。推进雄安新区、辛集市、栾城区3个先行区的耕地土壤环境质量类别划分和农用地分类管理,为全省土壤污染防治发挥示范引领作用。继续推进涉重金属重点行业企业排查整治,已列入污染源整治清单中的企业,年底前完成综合整治。

（三）推进校园食品安全守护行动

认真贯彻落实《河北省学校安全条例》《学校食品安全与营养健康管理规定》等法规规章,严格落实学校食品安全校长（园长）负责制,防范发生群体性食源性疾病事件。主城区校园食堂"明厨亮灶"达到100%。积极推进"智慧安全校园"及"明厨亮灶+互联网"建设,采用"互联网+网格化"管理模式,督促指导学校建立风险隐患台账,全面构建学校安全防控体系。对校园食堂、学生用餐配送单位实行100%全覆盖监督检查。

（四）推进农村假冒伪劣食品治理提升行动

持续推进农村食品安全综合治理，以农村小作坊、小摊贩、小餐饮和农村集市、食品批发市场等为重点对象，以方便食品、保健食品、休闲食品、酒水饮料、调味品、奶及奶制品等为重点品类，以食品产业集中区、农村市场、城乡接合部、医院周边为重点区域，全面打击"山寨"、"三无"、假冒、劣质、超期等食品生产经营行为。

（五）推进餐饮质量安全提升行动

巩固和提高餐饮服务食品安全示范街区、"明厨亮灶"、清洁厨房创建成果。90%以上餐饮服务企业达到"清洁厨房"标准；规范开展餐饮服务单位量化分级和安全风险分级管理，90%以上量化等级达到良好（B级）以上；80%以上销售类食品经营者实现风险分级动态管理。落实网络订餐平台责任，保证线上线下餐饮同标同质。

（六）推进国产婴幼儿配方乳粉品牌提升行动

婴幼儿配方乳粉生产企业全面推行良好生产规范、危害分析和关键控制点体系，自查报告率达到100%。不断加强对婴幼儿配方乳粉的监督抽检和风险监测，持续开展监督检查和体系检查。支持婴幼儿配方乳粉质量安全追溯体系建设，实现养殖、加工、销售等全过程可追溯。

（七）推进"双安双创"示范引领行动

按照国家层面新修订的国家食品安全示范城市和国家农产品质量安全县评价与管理办法及相关标准；指导廊坊市和秦皇岛市开展农产品质量安全市整市创建，推动环京津25个县（区）按照国家标准开展创建，对第四批61个省级农产品质量安全县进行核查验收。

（八）推进进口食品"国门守护"行动

认真落实境外输华食品准入和生产加工企业注册制度，严防输入型食

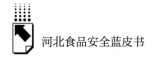

品安全风险，加强食品进口环节的抽样检验和风险监测，尤其把好进口农产品的监督关。强化对不合格进口食品的风险预警和调查追溯，严厉打击食品走私行为，严格实施进口食品备案机制，如实记录食品进口和销售信息。严禁疯牛病、非洲猪瘟、禽流感等疫区产品进口，杜绝重大疫情传入风险。

（九）加强食品生产经营安全监管

规模以上食品生产企业 100% 建立实施 HACCP 等先进管理体系，完成18 个食品生产集中区治理提升验收工作。获证食品生产企业监督抽查考核覆盖率达到 100%。食品及食用农产品集中交易市场整治提升率达到 100%。各市主城区和各县（市）食品小摊点进入政府划定区域经营的比例分别达到 90% 以上和 70% 以上。婴幼儿食品、大型肉制品企业自查风险报告率达到 100%。全省"百千万"食品超市（店）示范创建累计完成 100%。完成省级农产品冷链物流监控平台升级改造，推进 10 家农产品冷链物流企业与升级版省级冷链物流监控平台对接。改造或新建生鲜超市、菜市场、农贸市场等便民市场 200 个。

（十）加大监督抽检力度

着力提升问题发现率，农产品和食品年抽检量达到 4 批次/千人，农产品质量安全监测总体合格率稳定在 98% 以上，食品安全抽检合格率稳定在98% 以上，监督抽检不合格食品核查处置率达到 100%。

（十一）加快地方标准制修订

以农业新技术推广应用、集约化规模化种植养殖等领域为重点，制修订省级农业地方标准 50 项以上。推动特色农产品优势区、现代农业园区、"菜篮子"大县、水产健康养殖示范县整产业实施标准化生产，农业标准化生产覆盖率达到 70%。开展食品安全地方标准立项制定以及跟踪评价工作，完成食品安全国家标准跟踪评价任务，做好企业标准备案管理工作。

（十二）推动食品产业高质量发展

创建特色农业精品示范基地 30 个、国际标准农产品出口基地 200 个，加强对前期推荐的 600 个冬奥会农产品供应备选基地技术指导，完善生产标准和质量管控措施。大力培育新型农业经营主体，重点培育 600 家以上规范的农民合作社、1000 家省级示范家庭农场、200 家万亩以上托管服务示范组织。加快食品产业转型升级，重点打造粮油、乳制品、饮料和酒、方便休闲食品、功能保健食品等制造基地园区，培育 7 个以上超百亿元产业集群。10 家以上食品工业企业开展诚信管理体系认证工作。

（十三）加强疫情防控期间食品安全工作

坚决贯彻落实《全国人民代表大会常务委员会关于全面禁止非法野生动物交易、革除滥食野生动物陋习、切实保障人民群众生命健康安全的决定》，加大食品生产经营安全监管力度，加强宣传指导，降低疫情传播风险。坚决革除滥食野生动物的陋习，禁绝野生动物违法违规捕猎、交易，着重加大对毛皮动物特种养殖集中区的监管力度，防止特种养殖毛皮动物胴体肉流入食品市场。围绕百姓日常消费大宗食品，组织开展专项抽检，确保疫情防控期间市场供应食品质量安全。加强重点场所食品安全监管，突出抓好餐饮服务特别是网络餐饮服务食品安全监管工作。

（十四）强化属地管理责任

强化各级食品安全委员会及其办公室的统筹协调作用，综合运用跟踪督办、巡视巡察、考核评议等手段，督促各级党委政府主要负责同志履行第一责任人责任；督促各级政府依法依规制定食品安全监管事权清单；督促各部门严格落实"管行业就要管食品安全"责任机制，完善部门间沟通协调机制。各级食品安全委员会要加强形势分析，建立统计数据定期共享机制。把保障食品安全作为基层市场监管的首要职责。

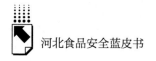

六　创新驱动推进治理体系和治理能力现代化

（一）进一步推动食品安全党政责任落实

强化地方党委领导责任、政府属地管理责任、部门监管责任。加强各级食安委食安办建设，切实发挥其职能作用，为食品安全提供有力组织保障。完善"管行业就要管食品安全"责任机制，推动各部门、各行业、各领域切实落实食品安全管理职责。

（二）进一步提高监管效能夯实基层基础

加大经费投入力度，强化技术支撑，不断充实基层监管力量。落实国家和省规划，加快职业化检查员队伍建设，推动业务用房、执法车辆、执法装备配备标准化，优化网格化监管，确保基层能够切实履行监管职责。督促落实企业主体责任，加快推进食品产业转型升级，实现高质量发展。

（三）进一步加大严惩重处违法犯罪力度

坚持重典治乱，以"零容忍"的姿态严厉打击非法添加、超范围超限量使用添加剂、制假售假、私屠滥宰等违法犯罪行为。深入推进隐患大排查大整治活动，扎实开展专项整治。健全行政执法与刑事司法衔接机制，对所有食品安全违法行为追究到人。

（四）进一步探索智慧监管新模式新路径

持续加强检验检测、信息化等基础技术支撑能力建设，加快监管手段创新，推广应用运用大数据、人工智能、区块链等技术，大力推行"智慧监管"，推动食品安全监管"机器换人""机器助人"，加强突发事件应急处置能力建设，着力构建"严管"加"巧管"的监管工作新局面。

（五）进一步推动构建社会共治共享格局

加大食品安全网上舆情监测研判力度，做好重大舆情处置。加强新闻宣传和舆论引导工作，建立舆情回应引导机制。深化"食品安全宣传周"等活动，加强科普网点和科普队伍建设。畅通12315投诉举报主渠道，完善举报奖励制度。落实"谁执法谁普法"责任制，深化普法宣传与科普知识教育，引导理性消费，提高公众安全意识和法治素养，推动社会共治共享。

分 报 告

Topical Reports

B.2
2019年河北省蔬果质量安全
状况分析及对策研究

王旗 李莉 杜爽 郄东翔 赵清 张建峰*

摘 要： 蔬菜果品是河北省的优势产业。2019年，全省蔬菜播种面积
1303.8万亩，总产量5480.2万吨，居全国第4位，其中设施
蔬菜337万亩，居全国第5位；全省水果种植面积759万亩，
产量1004.4万吨，同比增长3.1%和4.9%，呈现出良好的
发展态势。在省委、省政府的正确领导下，以结构调整"一

---

* 王旗，河北省农业农村厅农业技术推广研究员，享受国务院特殊津贴专家，近年来一直从事
蔬菜水果中药材等特色经济作物生产与技术推广工作；李莉，河北省农业农村厅特色产业处，
从事水果生产与质量安全监管等工作；杜爽，河北省农业农村厅特色产业处，从事蔬菜生产
与质量安全监管等工作；郄东翔，河北省农业农村厅农业技术推广研究员，河北省"三三三
人才工程"二层次人选，近年来一直从事蔬菜生产管理、技术推广等工作；赵清，河北省农
业农村厅高级农艺师，河北省"三三三人才工程"三层次人选，近年来一直从事蔬菜、食用
菌生产管理、技术推广等工作；张建峰，河北省农业农村厅高级农艺师，河北省"三三三人
才工程"三层次人选，近年来一直从事蔬菜管理、技术推广等工作。

减四增"为重点，以精品化基地建设为抓手，示范推广绿色生态栽培关键技术、有机肥替代化肥技术和病虫害统防统治模式；以推进农药减量增效为重点，健全完善质量追溯和农药登记许可评审，积极开展蔬果质量安全风险监测和质量安全监督抽查，有力推动蔬菜水果产业在标准化、质量化、安全化等方面实现突破。

关键词： 果蔬质量 绿色 生态 技术 质量安全

2019年，河北省深入贯彻习近平总书记关于食品安全的重要指示精神，进一步推进农业供给侧结构性改革，积极优化蔬菜水果优势特色产业，坚持生产、质量、效益齐抓并管，蔬果产业发展成效显著。

一 蔬菜水果生产基本情况及产业概况

2019年，按照省委、省政府"一减四增"要求，全省着力推进蔬菜（含西甜瓜、草莓和食用菌）和水果生产设施化、规模化、标准化发展，逐步形成冀北坝上、冀东、环京津和冀南蔬菜优势产区，太行山、燕山、冀中南平原、黑龙港流域、冀东滨海、冀北山地、桑洋河谷和城镇周边水果优势产区；重点建设平泉、临西、阜平、平山、张北等食用菌产加销基地，全省蔬菜水果实现了生产设施齐全、花色品种丰富、四季稳定生产、周年均衡供应。

（一）蔬菜产业发展概况

2019年全省蔬菜播种面积1303.8万亩，总产量5480.2万吨，总产值1456.77亿元，产量、产值均居全国第4位。其中，设施蔬菜播种面积337万亩，产量1396万吨，产值532.38亿元，均居全国第5位。河北省是京津

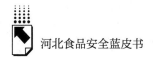
重要的蔬菜供应基地，在北京批发市场常年占有率40%左右，多年来稳居外埠进京蔬菜市场份额之首，其中7~9月份河北省张承地区大白菜、甘蓝等错季菜占比70%以上。

扩大优势产业生产规模和产业链条建设，指导蔬菜大县着力培育区域性主导产品，河北省蔬菜品种布局分散的局面有重大转变，全省形成冀北坝上错季菜产区、冀东日光温室产区、环京津棚室产区和冀南中小棚产区4个优势产区。10万亩以上蔬菜生产县50个，超过20万亩的蔬菜大县14个，26类产品形成规模化集成产区31个，鸡泽辣椒、满城草莓、玉田包尖白菜、昌黎旱黄瓜、崇礼彩椒、青县羊角脆甜瓜、隆尧鸡腿葱等产品特色突出，市场竞争优势明显，深受消费者欢迎。鸡泽入选中国特色农产品优势区。饶阳、永清、青县、馆陶等21个产品优势县域入选省级特色农产品优势区。

全省现有58个蔬菜生产县，建设批发市场138个，产品销往全国各地。2019年供应北京超市蔬菜45万吨，约占超市采购量的35%。7个合作社在北京居民社区建设了100余家直营店，在京客隆和物美超市设立直营柜台21个，仅丰宁一个县在北京就建立了20多家设区直营店。全省蔬菜初加工和精深加工龙头企业达264家，保健品、速食品和色素提取等精深加工能力突破1000万吨，河北晨光辣椒色素已占全球市场的80%。

积极拓展农业园区功能，把蔬菜园区建设与乡村旅游、美丽乡村建设有机结合，在环京津和中心城市周边建成蔬菜主题休闲园区100多个，吸引越来越多的京津市民观光、采摘、体验、度假和休养。

（二）食用菌产业发展概况

河北省地处食用菌适生带，地貌和气候多样，可低成本全年栽培多种食用菌。特别是燕山和太行山地区，因气温冷凉，昼夜温差大，是全国最大的越夏香菇集中产区。近年来，逐渐形成了品种多样化、产业层次化、产品多元化的格局，香菇、平菇、金针菇、杏鲍菇等传统菇种竞争优势明显，双孢菇、白灵菇、鸡腿菇、北虫草、银耳辅助菇种规模不断扩大，秀珍菇、毛木耳、栗蘑、灵芝、羊肚菌等珍稀特色菌菇快速发展。目前，香菇、平菇、金针菇、杏鲍菇和滑子菇五大品种产量占全省食用菌产量的85%左右，成为全省的主导品种。

2019年全省食用菌栽培面积26万亩、总产量265万吨、产值119.2亿元，总产量居全国第5位，其中白灵菇产量居全国第1位，香菇和平菇产量居全国第2位，杏鲍菇产量居全国第3位，珍稀类食用菌产量全国排名第5位。全省共113个县（市、区）种植食用菌，带动农户34万户，万亩以上大县8个，百亩以上园区302个，标准化菌种场20个，原料加工企业42家，配套设备企业18家，技术服务企业12家，专业菌棒场49家。平泉市入选首批中国特色农产品优势区，产业综合实力居全国县级第1位，错季香菇产量居全国第1位。阜平、遵化、平山等被认定为河北省特色农产品优势区。

河北省的食用菌生产布局合理，且品种多样、南北互补、四季出菇、周年上市。形成了太行山、燕山食用菌产业带，坝上错季食用菌产区，环京津精特食用菌产区，冀中南草腐菌产区，建成平泉卧龙、阜平天生桥、遵化平安城、临西下堡寺等30多个规模化产区。目前，省规模以上食用菌龙头企业320家，有承德森源绿色食品、河北美客多食品集团、唐山广野食品集团国家级龙头企业3家，平泉市爆河源食品、平泉中润生物科技、承德穆勒四通生态、遵化亚太食品等省级龙头企业22家，保鲜产品、烘干产品、清水软包装产品、休闲食品、罐头食品、菌草功能饮品等150多个新产品。河北省食用菌产品外观好、耐储运、质量上乘，产品销往国内60多个大中城市，在京津市场占有率达36%，太行山、燕山和张承坝上地区食用菌产品成为上海、深圳、广州等夏季市场宠儿。部分鲜菇和加工品销往美国、日本、韩国、泰国、澳大利亚等20多个国家，其中鲜香菇出口量占全国出口量的40%以上。平泉市拥有集食用菌冷藏、交易、深加工于一体的中国北方最大的食用菌综合市场，在北京、上海等一线城市设立直销窗口，对错季香菇形成一定的定价权，"平泉香菇"区域公用品牌价值已突破20亿元。

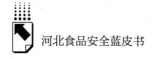

（三）水果产业发展概况

河北省是全国重要的水果生产和供应基地。全省水果产业总体特征如下。一是生产规模大。依托资源禀赋和区位优势，形成了太行山、燕山、冀中南平原、黑龙港流域、冀东滨海、冀北山地、桑洋河谷和城镇周边 8 大水果优势产区。2019 年全省水果种植面积 759 万亩，居全国第 9 位；产量 1004.4 万吨，居全国第 6 位。二是特色产品多。立足区域资源特色，培育中国特色农产品优势区 7 个（迁西、晋州、富岗、怀来、涉县、兴隆、深州）、省级特色农产品优势区 27 个，培育出晋州鸭梨、富岗苹果、深州蜜桃、怀来葡萄、黄骅冬枣等一批驰名中外的特优水果，深受国内外市场青睐。其中，梨的出口量占到全国的 50%，使河北成为第一出口大省。三是产业基础好。现有新型经营主体 3000 多家，其中国家级 27 家、省级 173 家，出口龙头企业 200 多家，协会和合作组织 1300 多家，经纪人队伍突破 10 万人，原产品产值达 275 亿元。

梨：面积 180.4 万亩、产量 363.2 万吨，均居全国第 1 位；主产区为中南部的赵县、辛集、深州、晋州、泊头、宁晋、魏县等地，特色产品有传统的鸭梨、雪花梨及新发展的黄冠、秋月、新梨七号等新品种。梨是河北省优势出口产品，80% 以上销往省外和国外，国际市场已从东南亚国家和地区，逐步拓展到了美洲、欧洲、大洋洲和中东地区，主要覆盖马来西亚、新加坡、美国、加拿大、澳大利亚、阿联酋、巴西等 70 多个国家和地区。年出口 21 万吨，占全国总量的 50% 以上。全省有经营主体 800 多家，其中国家级 3 家、省级 42 家。

苹果：面积 187.9 万亩，居全国第 7 位；产量 221.6 万吨，居全国第 7 位。主产区为承德县、青龙县、抚宁区、遵化市、乐亭县、顺平县、内丘县、邢台县等地，特色产品有红富士、国光、乔纳金、王林、嘎拉等，50% 以上销往省外，少量出口到东南亚的马来西亚、新加坡、印度尼西亚、菲律宾等国家和地区，近年来对中东地区的出口也呈上升趋势。

桃：面积 94.6 万亩、产量 135.7 万吨，均居全国第 2 位。主产区为深州市、乐亭县、秦皇岛市抚宁区、顺平县、唐县、保定市满城区、邯郸市邯山区等地，特色产品有大久保、重阳红、早凤王、瑞光、曙光、早露蟠桃等，70%以上销往省外，鲜桃出口量不大，罐头出口韩国、日本等国家和地区。

葡萄：面积65.8万亩、居全国第3位，产量118.8万吨、居全国第2位。形成以怀涿盆地（怀来、涿鹿）和冀东滨海（昌黎、卢龙）为中心的葡萄酒加工和鲜食葡萄生产基地。主产区为涿鹿县、怀来县、昌黎县、卢龙县、乐亭县等地，特色产品有白牛奶、龙眼、阳光玫瑰、红地球、巨峰等鲜食葡萄及赤霞珠、品丽珠等专用酿造品种。近几年，平原设施和鲜食葡萄发展较快，饶阳、晋州、永清、威县、永年、广宗等新兴产区已迅速崛起，70%以上销往省外。

二 蔬菜水果质量安全监管措施及成效

2019年，河北省大力发展高端设施和环京津蔬菜水果基地建设，使产区特色更加鲜明，蔬果品质进一步提升，市场竞争优势更加明显。平泉香菇、鸡泽辣椒、满城草莓、玉田包尖白菜、赵县雪花梨、宣化葡萄、深州蜜桃等产品特色突出。

（一）建设精品基地，推广生态绿色技术

第一，按照农业农村部果蔬全程绿色标准化生产方案要求，选择藁城、馆陶、平泉等县（市、区）开展全程绿色基地创建工作，示范基地2万余亩，辐射带动全省开展标准化生产工作。制修订省市果蔬农药残留、技术规程、产品等级、废弃物资源化利用等地方标准和企业标准330项，将50余种主要果蔬生产标准进行通俗化、乡土化整理，塑封入棚，指导300多万亩设施蔬菜和果园全面积、全过程、全方位标准化生产。同时，在全省大规模推广应用蔬菜水果标准化生产技术通俗标准手册，示范推广膜下滴灌水肥一体化技术110多万亩，节肥、节药30%以上，病虫害发生率下降50%以上。

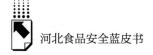

第二，积极推广水肥一体、设施土壤连作障碍改良等蔬菜绿色发展十大技术，指导市县推广生态绿色生产。安排省级财政资金建设丰宁、南宫、藁城、顺平、深州、威县等地建设特色蔬菜水果绿色生产示范基地，重点示范推广防虫网、粘虫板、性诱剂等生态防控技术，降低了蔬果病虫害发病率和农药用量，保证了蔬菜水果质量安全。

第三，在特色优势主导产业项目中，统筹安排特色优势主导产业、蔬菜、水果等项目资金，支持做大做强饶阳蔬菜、承德县国光苹果等30多个特色产业，围绕打造特色优势农产品，支持具有绿色、有机认证和农产品地理标志登记的特色优势农产品产区30个，培育了"平泉香菇""鸡泽辣椒""玉田包尖白菜""昌黎马坊营旱黄瓜""宣化葡萄""晋州鸭梨"等20多个区域公用品牌，提升了蔬果质量和产品附加值。

（二）着眼结构优化，持续打造高端产品

第一，深入推进农业结构性调整，以省级蔬菜水果等特色产业财政补助项目为抓手，加强示范引导，打造典型样板，大力发展特色高效经济作物，进一步优化全省种植业结构。蔬菜新增高效基地9.8万亩，冀北、冀东、环京津、冀南4大优势产区均有发展。永清、玉田、鸡泽、崇礼、平泉、青县、乐亭、尚义、新乐、饶阳、永年、馆陶等规模化基地正在向精品化、特色化、高档化转变。水果新增优质基地25万亩，太行山—燕山、冀中南平原、黑龙港流域、冀东滨海、桑洋河谷和城镇周边7大果品产区已经显现出聚集优势。顺平"三优"苹果、威县"秋月"梨、深州21世纪桃、怀来阳光玫瑰葡萄等名优果品迅速扩张，成为市场新宠。"威梨""富岗苹果""浆水苹果""黄骅冬枣""承德国光苹果""怀来葡萄""辛集黄冠梨""晋州鸭梨"等区域公用品牌知名度逐步显现，产品溢价能力大幅提升，全省梨果出口继续稳坐全国第一。

第二，国家级特优区和省级特优区引领河北省特色产业高质量发展。将特优区创建和特色产品打造相结合，全产业链打造、全产业链提升，突出特色、品质和溢价能力，一批优势明显、特色突出、溢价能力高、市场竞争力

强的特色顶级农产品走向高端市场。富岗有机苹果每盒（共 10 个）售价 499 元，持续领跑全国高端苹果市场。永清无药黄瓜 1 根售价 10 元，固安原味番茄 1 斤售价 58 元，遵化亚太草莓采摘平均价格 1 斤售价 68 元至 128 元，长城公司的羊脂秋月梨在京东网 1 个售价 10 元。这些产品价格高、口碑好，且供不应求，为今后大力发展优质高端特色农产品、做强做大优势特色产业提供了强大的实践支持。

（三）注重科技创新，强化集成示范推广

第一，以院士工作站为依托，加快院士团队科技成果的示范转化，开展"院士河北行"活动，邀请赵春江院士通过"三农大讲堂"平台进行专题讲座。依托院士工作站成功申报 2019 年省科技厅创新能力提升计划项目高水平人才团队建设专项。不断打造藁城"农技推广部门＋科研院所＋新型经营主体"的农技推广信息化服务模式，成效显著。

第二，针对日光温室连作障碍问题，多措并举防治土传病害。采取应用秸秆生物反应堆技术、高温闷棚、与葱蒜类轮作、使用嫁接苗、无土栽培、水肥一体化等多种措施，保持养分合理供应。全省果菜应用秸秆反应堆技术面积达 150 多万亩，使用嫁接苗面积 500 多万亩，轮作倒茬面积 600 多万亩，对促进蔬菜水果农药减量增效生产起到了很好的推动作用。

第三，以农业农村部果菜茶有机肥替代化肥试点项目和绿色高质高效项目为抓手，在石家庄市藁城区、平泉市、永清县、武邑县等蔬菜水果大县（市、区），重点推广"菜—沼—猪""有机肥＋配方肥"等多种替代模式，建设核心示范区 15 万亩，辐射面积 130 多余万亩；建设各类农药减量增效示范基地 135 个，示范推广色诱、性诱和以虫治虫、以菌治菌等绿色防控技术，农药平均减量 10% 以上。

（四）搭建产销平台，推动产业链式发展

第一，在邯郸市成功举办第四届京津冀蔬菜食用菌产销对接大会暨河北省特色优势农产品推介大会上，通过基地观摩、精品展示、"冀菜盛宴"、

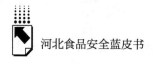

"局长卖菜"、扶贫对接、专题讲座等活动,有力推动了特色产业基地与京津市场的有效对接。

第二,在廊坊市举办的第四届京津冀果品争霸赛暨获奖产品展,吸引来自京津冀地区的 300 多家果品龙头企业、专业合作社、家庭农场、种植大户踊跃报名参加,参赛产品涉及梨、苹果、桃、葡萄等 460 种,评选出果王 12 个、金奖 37 个、优质产品奖 133 个,获奖产品在第二十三届中国(廊坊)农产品交易会四个农业展区进行了集中展示,并通过举办果品争霸赛新闻发布会对外发布,河北电视台、河北新闻网、长城新媒体、网易等均进行了跟踪报道,在社会上引起强烈反响。

第三,坚持把发展电子商务作为重构鲜活农产品流通体系的重要手段,加大培育扶持力度,构建以销售特色农产品为主的电商平台,扩大"翠王""梨小二"等知名电商品牌的市场影响力,在高端农产品产销之间搭建起高效顺畅的合作桥梁,使其成为引领河北省蔬菜水果特色产业高质量发展的新旗舰。

(五)例行农残检测,加强专项市场监管

第一,根据河北省市场监管局等四厅局联合印发的《关于开展整治食品安全问题联合行动通知》(冀市监发〔2019〕219 号)要求,完成 100 个农药样品检测,其中 5 个不合格,不合格率占 5%。不合格农药已在农业信息网上进行了公示并移交厅综合执法局处理。联合省农药鉴定监测部门组成 4 个检查调研小组,对石家庄、邯郸、邢台、衡水、沧州、保定、张家口、辛集等市的农药监督管理工作开展了执法检查调研,共走访农药生产企业 27 家、农药经营门店 76 家。总体来看,全省农药生产经营秩序明显好转,农药管理各项政策和措施得到了较好落实。开展对唐山市、秦皇岛市的暑期农产品安全督导检查;对全省 13 个市(含定州市、辛集市)的 20 多个县(市、区)集中开展了农产品质量安全检查督导,保证了全年质量提高。

第二,完成蔬菜水果质量安全风险检测及监督抽查。全省蔬菜农药残留

的例行监测、专项检测和监督抽查，共检测样品 3999 批次，2019 年超额完成考核指标，总体合格率99.0%以上。针对老百姓关心的问题，开展蔬菜农药残留专项检测，先后开展了韭菜质量安全专项风险监测、暑期农产品质量安全保障专项任务，共检测 160 批次，合格率97.0%。每月根据省级抽检结果，对不合格样品，均要求市级组织相关技术人员，调查分析超标原因，提出针对性强的整改措施。对农业农村部抽检超标的样品，省级迅速组织人员查明农残超标原因，责成有关市（县）对超标农产品进行调查分析和立即整改。

三 蔬菜水果质量安全形势分析

2019 年，在省委、省政府的高度重视下，省农业农村厅认真贯彻落实"四个最严"总要求，坚持"产出来"和"管出来"两手抓、标准化生产和执法监管两手硬，创新监管机制，提升监管能力，切实履行监管职责，有力确保了全省蔬菜水果质量安全。在国家农产品质量安全例行检测中，河北省水果合格率100%。全省蔬菜例行监测总体合格率达99.2%。总体来看，2019 年全省蔬菜水果质量安全形势继续保持平稳向好态势。

（一）检测抽查总体情况

2019 年，对全省13 个市的蔬菜产业示范县、国家级蔬菜标准示范园、环省会蔬菜产区、蔬菜市场开展了蔬菜农药残留例行检测及监督抽查工作。检测蔬菜（含西甜瓜、草莓和食用菌，下同）种类包括韭菜、芹菜、菠菜、小白菜、西红柿、油菜、甘蓝、油麦菜、茼蒿、茴香、胡萝卜、草莓、苦菊等79 种，基本涵盖了全省蔬菜品种。检验项目涉及甲拌磷、克百威、毒死蜱、治螟磷、氯氰菊酯、腐霉利、氧乐果、氟虫腈、二甲戊灵、阿维菌素等有机磷、有机氯、拟除虫菊酯、氨基甲酸酯类86 种农药。共抽检蔬菜样品5162 个，总体抽检合格率为99.2%，与2018 年相比，提高0.7 个百分点。

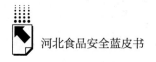
（二）农残情况分析

全省蔬菜检测发现的主要问题：一是叶菜类蔬菜超标相对较多；二是禁用农药氟虫腈、克百威等超标现象时有发生。

第一，从抽样环节上看。2019 年抽样检测的 5162 个样品中，生产基地样品为 4703 个，占总样品量的 91.1%；市场样品为 459 个，占总样品量的 8.9%。产地蔬菜合格率为 99.4%，市场蔬菜合格率为 98.5%，产地蔬菜抽检合格率比市场蔬菜抽检合格率高 0.9 个百分点。

第二，从监测蔬菜品种看。不合格样品有芹菜、黄瓜、香菜、菠菜、油菜、豆角等 25 个品种。以芹菜超标最多，超标 7 个，占超标样品的 18.9%；其次为黄瓜、香菜、菠菜、油菜，分别超标 3 个、3 个、2 个、2 个，分占超标样品的 8.1%、8.1%、5.4%、5.4%。从蔬菜类别上看，叶菜类蔬菜超标最多，达 26 个，占超标样品的 70.3%；其次为茄果类、瓜类蔬菜，分别超标 3 个，分占超标样品的 8.1%；鳞茎类蔬菜 2 个（韭菜、小葱），占超标样品的 5.4%；根茎类、豆类、薯芋类蔬菜各 1 个，分占超标样品的 2.7%。

分析其原因：一是部分市中心检测项目较少，仅限于 10 余种有机磷农药，远不能满足蔬菜质量监管需要；二是禁用农药克百威、毒死蜱、三唑磷等检出频次较多，个别蔬菜品种病虫防控难度高，质量隐患依然较大。如叶菜类、鳞茎类特别是韭菜病虫害较多，露地生产比例高，防治难度和风险隐患较大。果类蔬菜西红柿、青椒、黄瓜超标样品也有上升迹象；三是可用农药超量使用、不严格按照安全间隔期采摘等现象依然存在。如菊酯类、吡虫啉、多菌灵、百菌清等农药均有超标。

四 今后工作的对策与建议

为有效治理农药残留物超标问题，切实保障蔬菜水果质量安全，让人民群众吃上放心菜和安心果，提出以下几点建议。

（一）落实属地责任制

强化农产品质量是"管出来"的责任意识，突出抓好市县乡三级政府监管责任落实和部门监管职能落实。落实生产主体责任制，推进生产过程档案化管理和质量追溯制度，着力提高生产主体质量控制能力，确保产品质量安全。试行食用农产品合格证制度，将应用条形码和二维码质量追溯制度纳入省以上蔬菜水果生产扶持项目考核验收体系。指导生产者健全生产管理档案，切实提高质量管理自我控制能力，优先在省级现代园、部级标准园和有机肥替代化肥示范县大力推广绿色生产，发展具有优势特色的品牌蔬菜水果产品。推进生产过程档案化管理，落实生产主体责任制，着力提高生产主体质量控制能力，确保果蔬等农产品质量安全。

（二）加大农药产品的监管力度

严格农药特别是高毒、禁用农药的市场准入管理，控制禁用农药的销售，加强对禁用农药的查处和对混配农药的质量抽检，特别要加强对克百威农药监督管理，确保源头净化。提高生产者的质量意识，通过媒体宣传、发放明白纸、举办讲座等形式，对蔬果园区管理者进行农产品质量安全、农药使用管理等相关知识的宣传教育，提高农民的安全意识。在蔬果生产关键时期，组织人员对重点区域、重点环节开展专项质量督导。继续开展质量监测、风险排查，加强市场监管，实现特色农产品产地准出、市场准入有效衔接。加强基层检测机构人员配备、办公条件、装备配置和业务培训，重点提高县级检测能力和水平，切实发挥好一线监督作用，提高质量监管效果。

（三）推广标准化生产技术

在采用国家标准和行业标准基础上，积极推广节药、节水、节肥等标准化生产技术，严格标准控制，引领打造高端特色蔬果产品。重点组织开展区域特色明显的蔬果产品质量标准和绿色生态栽培技术规程等市级地方标准的制修订；依托现代农业园区和特色农产品优势区，建立标准化示范区。组织

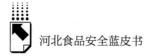

省市县逐级开展绿色标准化生产培训，大力推广标准化生态防控关键技术，大力推广高效低毒低残留农药的使用，加强蔬果病虫害发生的预测预报，实施绿色防控，严格控制农药安全间隔期，从根本上减少农药投入量，提高特色农产品品质和品牌知名度。

（四）建立完善长效机制

广泛宣传农产品质量管理和农药管理等法律法规，宣传典型案例查处情况，强化法律法规规定宣传贯彻，提高生产经营者的责任意识和主体意识。对问题突出地区的重点蔬菜品种和农药种类进行重点监控和整治。切实落实部门法定职责，依法开展蔬菜、水果产品的例行抽检和监督抽查，做好风险评估，避免出现大范围系统性风险；深入贯彻《农药管理条例》，继续组织农药市场专项整治，巩固农药生产经营持续向好的势头，为蔬菜水果质量安全和绿色生产提供物质保障。加强监督抽查，依法查处违法生产经营蔬果不合格产品、违法生产经营农药化肥等行为，营造良好氛围。

B.3
2019年河北省畜产品质量安全
状况分析及对策建议

王 龙　陈昊青　魏占永　赵志强　边中生　谢 忠*

摘　要： 近年来，河北省持续强化畜产品质量安全监管，以奶业振兴为契机，深化畜牧业供给侧结构性改革，加快由传统畜牧业向现代畜牧业转变，不断提升畜产品质量安全保障能力。本文深刻总结了2019年全省在畜牧业发展、奶业振兴、屠宰管理、投入品监管等方面取得的成效，多维度、多层次剖析了畜产品质量安全面临的形势和问题，并提出了对策建议。

关键词： 畜产品　质量安全　河北

2019年，河北省畜产品质量安全监管工作紧紧围绕省委省政府安排部署，认真贯彻落实乡村振兴战略、质量兴农战略和食品安全战略，以农业供给侧结构性改革为主线，认真落实"四个最严"要求，扎实推进"四个农业"，强化畜牧投入品管控，实施畜产品专项整治，加强畜产品监测预警，

* 王龙，河北省农业农村厅农产品质量安全监管局副局长，主要从事农产品质量安全监管工作；陈昊青，河北省农产品质量安全中心，主要从事农产品质量安全、品牌建设等工作；魏占永，河北省农业农村厅农产品质量安全监管局副局长，主要从事农产品质量安全监管工作；赵志强，河北省农业农村厅农产品质量安全监管局二级调研员，主要从事农产品质量安全监管工作；边中生，河北省农业农村厅畜禽屠宰与兽药饲料管理处二级调研员，主要从事饲料管理工作；谢忠，河北省农业农村厅畜牧业处二级调研员，主要从事奶业管理工作。

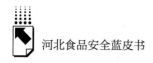
着力构建长效监管机制，畜产品质量安全监测总体合格率达到99.87%，全省未发生重大畜产品质量安全事件，畜产品质量安全状况保持了稳中有进、稳中向优的良好态势。

一　全省畜牧业生产总体概况

2019年，河北省畜牧业以"优供给、强安全、保生态"为目标，以"兴奶业、防疫病、稳生猪、减兽药、治粪污、调结构"为重点，深化畜牧业供给侧结构性改革，加快转变畜牧业发展方式，稳步提升畜产品综合生产能力、核心竞争力和质量安全水平。2019年全省牧业产值2035.4亿元，同比增长0.4%，占农林牧渔总产值的33.6%；肉类总产429.6万吨，同比减少7.9%；禽蛋总产385.9万吨，同比增长2.1%；生鲜牛乳总产428.7万吨，同比增长11.4%。

——奶业振兴工作开局顺利，全省奶牛存栏115万头，同比增长8.4%；生鲜牛乳产量428.7万吨，同比增长11.4%。

——生猪生产止跌回升，生猪存栏连续7个月增长，年底存栏1418.4万头，全年出栏3119.8万头。

——畜牧业绿色发展持续推进，畜禽规模养殖场粪污处理设施装备配套率达到97.28%，全省畜禽粪污资源化利用率达到75.8%。

——全省优质饲草料面积220万亩以上，苜蓿新增种植面积7万亩，年产10万吨以上的饲料生产企业达到30家，饲料总产量达到1350.73万吨。

二　全省畜产品质量安全监管工作成效显著

（一）强化奶源监管

制定《河北省奶业振兴规划纲要（2019～2025年）》和《河北省加快推进奶业振兴的实施意见》，推动家庭奶牛场升级改造、智能奶牛场建设、外购奶牛贴息补助、优质性控冻精应用等项目实施，全省奶牛养殖规模化比率达到100%，其中300头以上规模存栏比例达98%以上，7家奶牛养殖场通过"GLOBAL GAP（全球良好农业规范）"认证。2019年新建优质奶牛核心区30个、智能奶牛场150个，总数分别达到82个和510个，奶牛平均单产达到7.9吨，创历史新高。支持乳品加工企业自建牧场、与奶牛养殖场合建示范家庭牧场，推进饲草种植、奶牛养殖、乳品加工一体化发展，产业链各环节主体共享收益。对标国际一流标准，省农业农村厅研究起草推荐性生乳团体标准，以标准升级带动乳品品质升级；牵头制定《河北省奶业质量安全风险管控方案》，推动落实生鲜乳生产运输、乳制品加工仓储、市场流通销售全链条质量安全风险标准化管控。强化生鲜乳收购、运输监管，落实生鲜乳质量第三方检测，奶站和运输车生鲜乳样品合格率达100%。

（二）强化饲料质量安全监管

制定《河北省饲料安全生产风险分级管控与隐患排查治理指导手册》，强化源头管理，对重点区域、重点企业、重点环节开展督导检查活动，全面排查整治问题隐患，坚决遏制各类安全生产事故，切实履行饲料生产、经营企业主体责任。2019年全省饲料总产量1350.73万吨，同比增加0.35%，产值达394.04亿元。强化质量抽检，2019年共抽检饲料450批，其中监督抽检300批，风险监测150批，合格率达98.2%。

（三）强化兽药生产经营使用监管

升级改造省级二维码追溯平台，全省142家兽药生产企业全部按要求上传兽药产品赋码和入出库追溯数据；全省1865家兽药经营企业全部实现了出入库信息上传。落实《河北省兽药安全使用质量管理指导意见》，督促养殖者认真执行用药记录制度、休药期制度和处方药管理制度，编制科学养殖、规范用药手册和技术规范，印发兽药安全使用明白纸，组织开展乡村兽医和养殖从业者科学规范使用兽用抗生素知识培训。启动兽用抗菌药使用减

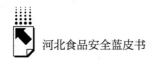

量化试点效果评价，对全省 25 家部省级减抗试点企业开展评价，22 家通过考核；开展第二批减抗试点企业筛选工作，筛选出 20 家规模养殖场作为省级试点企业。2019 年共抽检兽药 500 批，其中监督抽检 450 批、风险监测 50 批，抽检总合格率分别为 98.7% 和 100%。

（四）强化屠宰环节监管

大力开展生猪屠宰企业清理整顿，结合标准化建设、资格清理和非洲猪瘟自检制度落实"百日行动"，进一步清理设备简陋、环保和防疫等条件不合格、长期停产、有违法污点的生猪定点屠宰企业，全省共清理撤销 128 家生猪定点屠宰企业，由 2018 年底的 402 家压减到 274 家。制定《三场挂钩方案》，推进屠宰企业与养殖企业、批发市场建立协议，夯实发展基础。省农业农村厅联合省公安厅、省市场监管局开展给畜禽注水、注入其他物质等屠宰违法行为专项治理，全省猪牛羊定点屠宰厂（点）全部配备与屠宰规模相适应的水分快速检测仪，生猪定点屠宰厂全部配备视频监控追溯终端，并与县级屠宰监管机构联网实现追溯监管。

（五）强化畜产品专项治理

开展禽蛋水产用兽药专项整治行动，以禽蛋、水产类兽药为重点，对生产经营的氟苯尼考可溶性粉、双黄连口服液等 12 类重点产品进行非法添加筛查，严厉打击擅自改变组方、非法添加或经营禁用物质、兽药标签说明书不规范、利用互联网销售假劣兽药等违法违规行为，共约谈兽药生产企业 17 家，查处假劣兽药案件 38 件，罚没款 23.5 万元。开展禽蛋产品残留专项整治行动，以蛋禽规模养殖场和养殖大县为重点，加强鲜禽蛋监督抽检，重点对喹诺酮类、磺胺类、金刚烷胺、利巴韦林等违禁成分进行筛查，督促养殖场户在产蛋期规范使用兽药，严厉打击养殖场（户）非法购买使用原料药，超剂量超范围使用兽药，产蛋期内非法使用氧氟沙星、金刚烷胺、磺胺类等禁用物质，不按规定用药，不执行休药期规定等违法行为。部署开展"扫雷行动"、"风暴行动"和"排查整治违法屠宰行为保障畜产品质量安全专项行动"，共出动执法人员 4907 人，检查生产经营主体 1904 次，责令整改 44 起，查处问题 50 起，行政执法案件 10 起，涉案金额 5.3 万元，有力规范了屠宰市场秩序。

（六）完善畜产品质量安全长效监管机制

健全完善内部协调联动机制，明确畜产品质量安全监管职责分工，构建各司其职、齐抓共管的工作格局，推动解决监管工作中责任边界不清、工作衔接不紧、协调配合不够等问题。出台农产品追溯"六挂钩"机制，对追溯"六挂钩"实施前和实施后的各类认定认证提出明确要求，引导生产经营主体积极主动实行追溯管理。完善畜产品质量安全突发事件应急预案，明确事件分级、处置程序和责任分工，为有效预防、及时控制畜产品质量安全突发事件提供制度依据。进一步完善食品安全、质量发展、延伸绩效管理、冬奥会筹办考核机制，推动市县党委政府属地责任落实、强化条件保障，引领畜产品质量安全监管工作提档升级。

三　畜产品质量安全监管形势分析

（一）畜产品监测合格率保持了较高水平

2019 年，各级农业农村部门共从河北省抽检畜产品 43108 批次，检出不合格样品 54 批次，总体合格率达 99.87%。农业农村部例行监测畜产品 400 批次，主要检测参数为 β - 受体激动剂、磺胺类及氟喹诺酮类等，检出不合格样品 4 批次，合格率为 99.0%；省级监测畜产品 4765 批次，监测品种覆盖主要畜产品及育肥后期猪牛羊尿液，监测参数达 69 个，检出不合格样品 22 批次，合格率为 99.54%；市县两级共完成畜产品风险监测 21203 批次，监督抽查 16740 批次，检出不合格样品 28 批次，合格率为 99.93%。从省级监测的趋势看，2017 ~ 2019 年畜产品抽检合格率分别为 99.9%、99.8% 和 99.54%，抽检合格率略有下降，但仍保持较高水平。禁用药物检

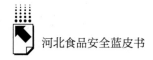

出是畜产品不合格的主要原因，在 22 个不合格样品中，违禁添加"瘦肉精"占 11 批次，检出参数为克伦特罗、沙丁胺醇；6 个禽蛋产品检出违禁药物恩诺沙星、环丙沙星、金刚烷胺。

（二）畜产品质量安全监管风险依然存在

近年来，在各级农业农村部门共同努力下，全省畜产品安全水平有了较大提升，但面对党中央、国务院的新部署、新要求，面对京津冀协同发展、雄安新区建设、张家口承办冬奥会等重大历史机遇和重大任务，河北省畜产品质量安全工作面临不少问题和挑战。如在养殖环节，牛羊肉"瘦肉精"检出、禽蛋禁用药物使用、畜产品中兽药残留超标和非法添加等"两超一非"问题依然存在；在监管能力建设方面，对畜牧投入品生产经营监管严格，对违禁添加、使用环节监管薄弱，基层监管力量弱、定量检测能力差、执法力度不均衡等问题突出，监管能力和监管任务不相适应；机构改革导致各级监管人员变动比较大，专业知识掌握不到位，人员素质参差不齐，个别地区工作人员缺乏工作的积极性和主动性，应付心态严重。因此，全省各级农业农村部门要进一步增强底线思维、忧患意识，补齐监管工作短板，要在提升产业素质上下功夫，发挥新型经营主体引领作用，提高畜牧业组织化、规模化、标准化、产业化水平，下大力气抓好畜产品质量安全突出问题治理，加大执法打击力度，坚决防止出现系统性区域性问题。

（三）社会共治氛围进一步形成

为贯彻落实质量农业发展新理念，大力宣传质量兴农工作中的经验与做法，多角度展示全省农业绿色发展，保障质量安全，提升畜产品品牌工作成效，省农业农村厅开展了农产品质量安全系列宣传活动。与省委宣传部联合组织开展"最美农安卫士"选树活动，与省人社厅、省总工会联合举办全省农产品质量安全检测技能大赛，在全省营造了干事创业、奋勇争先的良好氛围。与长城新媒体集团合作开展质量兴农宣传，持续报道全省各地在推进安全县创建、监管体系建设、标准化生产、全链条监管、全程可追溯、诚信体系构建等方面工作中的经验和做法。以"质量兴农、绿色先行"为主旨，组织开展绿色食品进社区进校园活动和农安高峰论坛活动，形成"绿色生产、绿色消费、绿色发展"的良好社会氛围。对禁限用兽药、兽药休药期进行系统梳理，编印《农业投入品使用规定汇编》，指导畜产品生产经营主体规范合理使用投入品，强化企业主体责任落实。通过系列宣传活动，普及了畜产品安全政策和生产消费知识，强化了企业主体责任落实，提高了消费者科学认知水平，营造畜产品质量安全人人参与、共治共享的良好氛围，2019年省级农安县第三方调查群众满意度达到76.1%，比2018年增长3.76个百分点，公众对畜产品质量安全的认可度进一步提升。

四 对策建议

（一）深入实施奶业振兴

建设优质奶源基地，支持乳制品企业自建牧场，继续推进家庭牧场升级改造，建成智能奶牛场590个、高产奶牛核心群122个。开展奶站标准化建设提升行动，做好生鲜乳收购站运输车监督管理系统的运行与管理，完成生鲜乳质量抽样和第三方检测，生鲜乳质量达到发达国家标准。提升乳制品加工能力，新增年处理生鲜乳及乳制品能力102万吨，提高婴幼儿乳粉、巴氏奶、低温酸奶、奶酪和黄油生产能力和市场占有率。引导大型乳品企业、区域龙头企业、奶牛养殖企业和合作组织积极参评国内外奖项，争创国际知名品牌、区域品牌和"冷、鲜、活"大众品牌，重点推广"悦鲜活""A2奶粉"等高附加值产品，加大媒体宣传力度，加强消费体验，持续提升河北乳业竞争力。

（二）强化畜牧投入品监管

成立河北省兽用抗菌药减量使用产业技术创新联盟，研发低毒无残留抗菌药新产品、抗菌药替代产品，建立减量使用抗菌药产业化兽药生产示范基地，推广新型低毒无残留抗菌药、植物提取物和微生态替代产品。强化源头管控，积极推进新版兽药 GMP 标准实施，严格过渡期内兽药生产企业 GMP 管理；强化过程控制，兽药经营企业严格落实兽药 GSP、兽用处方药管理制度和兽药二维码追溯制度，年底前经营企业所有兽药产品进销存数据上传入网率达到 50%；强化使用管理，督促养殖者认真执行用药记录制度、休药期制度和处方药管理制度，在 41 家试点养殖场开展兽用抗菌药使用减量化试点建设工作，探索河北养殖管理新模式。提升饲料产品质量安全水平，研究新型饲料配方和产品标准，培育 5～10 家饲料生产企业作为减抗饲料新型产品生产基地，提升饲料产品抗病防病及促生长作用。

（三）推进屠宰行业转型升级

推进《河北省畜禽屠宰管理条例（草案）》立法进程，配合省人大做好立法调研，将牛羊鸡定点屠宰管理纳入法治化轨道。指导省级生猪定点屠宰企业进一步提升标准化水平，争创 3～5 家国家级生猪屠宰标准化示范厂，带动屠宰行业提档升级。分类统一理化指标实验室设备配备标准，指导生猪定点屠宰企业做好实验室建设，提升检测能力。引导新建（迁建）生猪定点屠宰企业向养殖调出大县、优势养殖区域转移集聚。推动改扩新建生猪屠宰企业建设与自身发展相适应的冷藏储备库，鼓励有外销的屠宰企业提高冷链运输能力。

（四）做好畜产品专项整治

开展兽药、兽用疫苗及禽蛋水产用兽药及禽蛋产品专项整治活动，严格落实兽药抽检与执法联动，严厉打击非法添加国家禁用药品和其他化合物、擅自改变组方、非法生产经营使用"自家苗"和非洲猪瘟疫苗等违法行为。修订完善"瘦肉精"监管协调联动机制，开展"瘦肉精"专项整治活动，组织对"瘦肉精"高发地区进行飞行抽检，严厉打击和震慑违法犯罪分子，做到"瘦肉精"监管工作无死角、无盲区。开展畜禽定点屠宰行业乱象大排查大整治行动，重点整治日常管理制度不规范、给畜禽注水或注入其他物质的违法行为，以及代宰企业屠宰不规范、制度不落实、监管责任不落实问题。

（五）提升畜产品质量安全全程可追溯能力

严格落实农产品质量安全追溯"六挂钩"机制，根据不同畜产品品种建立适宜的电子追溯、标签说明、食用农产品合格证、检疫合格证明、肉品品质检验合格证、生鲜乳交接单等追溯管理形式。以鲜禽蛋、活禽为重点，全面推行食用农产品合格证制度，规范合格证的开具和出具，年底前符合条件的生产主体合格证使用率达到100%。积极与市场监管部门沟通协调，强化入市索票、入市验票等机制，逐步实现追溯管理与市场准入有效衔接。

B.4

2019年河北省水产品质量安全
状况分析及对策

滑建坤　陈昊青　张春旺　赵小月　孙慧莹　卢江河*

摘　要： 2019年，河北省以实施乡村振兴战略为总抓手，加快推进渔业供给侧结构性改革，深入推进产业转型升级和绿色发展，持续加强水产品质量安全监管，有力保证了水产品安全有效供给。本文系统回顾了2019年河北省渔业产业发展、水产品质量安全监测基本情况，总结了水产品质量安全监管举措和成效，分析了面临的形势，提出了加强监管工作的对策建议。

关键词： 水产品　质量安全　河北

　　2019年，河北省农业农村厅认真贯彻落实农业农村部、省委省政府决策部署，以实施乡村振兴战略为总抓手，紧紧围绕"提质增效、减量增收、绿色发展、富裕渔民"的目标任务，加快推进渔业供给侧结构性改革，深入推进渔业转型升级，持续推进渔业绿色发展，水产品质量安全形势持续稳定向好，全年未发生水产品质量安全事件，渔业高质量发展态势更加积极稳健。

---

* 滑建坤、张春旺、赵小月、孙慧莹，河北省农产品质量安全监管局工作人员，主要从事农产品质量安全监管工作；陈昊青，河北省农产品质量安全中心工作人员，主要从事农产品质量安全、品牌建设等工作；卢江河，河北省农业农村厅渔业处工作人员，从事水产品质量安全监管、水产健康养殖等工作。

一　产业发展概况

2019 年，全省水产品产量 99.01 万吨，同比减产 9.67%，其中海洋捕捞 19.1 万吨，同比减产 10.09%，总产值 279.4 亿元，同比增长 5.6%，渔民人均收入 18443.26 元，同比增长 9.84%。全省渔业总体形势表现出提质增效的良好势头。

（一）水产养殖业更趋生态高效

一是强化顶层设计。拟制了《河北省关于加快推进水产养殖业绿色发展的实施意见》《河北省水域滩涂规划》等政策文件，印发了《河北省水生动物疫病监测计划方案》《河北省水产苗种产地检疫试点工作方案》等专项工作方案；指导衡水、沧州、保定等 6 个市，以及曹妃甸、丰南、黄骅等 14 个渔业县（市、区）完成了养殖水域滩涂规划编制发布工作，其余 5 个市以及昌黎县，也都完成了规划文稿的编写。二是优化产业发展格局。统筹中央和省级资金集中打造沿海高效渔业产业带，加快培育扇贝、对虾、河鲀等主导特色品种，提升建设 20 个主要水产品供应基地，特色水产品供给能力进一步提升，产量达到 50 万吨。三是强化产业支撑。新创建水产健康养殖示范场 23 家，全省示范场达到 164 家；新批准扇贝、褐牙鲆、半滑舌鳎等 8 个品种良种场，河北省国家级、省级水产原良种场达到 39 家，年繁育各类水产原良种苗种 350 亿单位以上；在全国率先开展了养殖尾水综合治理试点工作，组织开展省级重大水生动物疫病抽样监测 480 个，选取唐山、沧州、秦皇岛、保定四市为试点城市，组织开展水产苗种产地检疫试点工作；举办河北省渔业官方兽医资格培训班 1 期，新增认定渔业官方兽医 157 人，累计认定 283 人。

（二）渔业资源养护力度不断加大

一是在河北省沿海及内陆湖库增殖放流各类海淡水水生生物苗种 50.35

亿单位，超过年初目标任务。二是新扩建海洋牧场 5 个，累计批准建设达到 20 个，用海总面积达 1 万多公顷，投放人工鱼礁 500 多万空方，其中新增国家级海洋牧场示范区 3 家，全省累计达到 14 家。三是统筹省级财政资金支持建立 6 处国家级水产种质资源保护区，进一步完善保护区基础设施，调查评估保护区渔业资源现状；落实涉渔工程渔业资源修复资金 828.75 万元，在全省近海海域放流水生生物苗种 7.59 亿单位。渔业资源养护工作的开展，实现了生态效益和经济效益双赢，投入产出比最高可达 1∶22.6，人工鱼礁投礁后礁区内鱼类、蟹类和虾类生物量分别为投礁前的 15.79 倍、3.66 倍和 2.26 倍。

（三）白洋淀水域生态修复工作取得阶段性进展

一是初步建立白洋淀水生生物调查监测体系，河北省农业农村厅专门成立白洋淀水域生态修复专项工作领导小组，制定并印发了《白洋淀水域生态修复专项工作方案》等文件，组织有关单位完成调查监测 6 次，现场采集样品 1200 余个，获得基础数据 4 万余条，数据分析后全部按时上报省政府。二是白洋淀渔业资源养护管理体系进一步健全，全年增殖放流青虾、鲢鱼、鳙鱼、河蟹、黄颡鱼等水产苗种 4300 余万单位，强化白洋淀国家级水产种质资源保护区管理，保护了黄颡鱼、乌鳢、鳜鱼等本地物种及其栖息繁育场地。三是配合农业农村部在雄安新区白洋淀举办了海河、辽河、松花江流域禁渔期制度暨执法行动同步启动活动和 2019 年白洋淀水生生物增殖放流活动，进一步扩大了白洋淀生态保护影响力。

（四）休闲渔业发展势头强劲

一是成功举办了以"渔旅融合、冀续精彩"为主题的全省休闲渔业发展大会，通过观看宣传片，实地观摩秦皇岛、唐山休闲渔业，集中展示了近年来全省休闲渔业的发展成效。二是积极开展典型示范，新创建 21 家省级休闲渔业示范基地，进一步推动休闲渔业的健康发展。三是强化政策扶持，重点扶持第二批 23 个省级休闲渔业示范基地和沿海三市 8 个休闲渔业（美丽渔村）精品典型。全年全省休闲渔业总产值8.1亿元，同比增加21.39%，休闲渔业经营主体达到1200多家，接待游客突破500万人次，旅游导向型休闲渔业产值同比增长63.8%。

二 水产品质量安全监测情况

2019年，河北省坚持问题导向和"双随机"原则，组织开展水产品质量安全监测，主要完成了国家级、省级水产品质量安全监测各项工作任务。

（一）国家级水产品质量安全监测

1. 水产品质量安全例行（风险）监测

全年共监测200批次，抽样环节全部为市场，监测地区包括石家庄、邯郸、张家口、保定、廊坊、邢台、秦皇岛、唐山、衡水9市，监测品种主要包括草鱼、鲤鱼、鲫鱼、鳙鱼、鳊鱼、对虾、鳜鱼、加州鲈鱼、鲆类、乌鳢等，监测项目包括氯霉素、孔雀石绿、硝基呋喃类、甲砜霉素、氟喹诺酮类、磺胺类等，共检出7例样品不合格，监测合格率为96.5%，不合格品种为鳊鱼、鲤鱼、乌鳢、加州鲈鱼，不合格项目为孔雀石绿、氧氟沙星、磺胺二甲基嘧啶。

2. 水产品兽药残留监测

全年共监测140批次，抽样环节全部为产地，监测地区包括石家庄、秦皇岛、唐山、沧州、廊坊、张家口、衡水、邢台、邯郸9市，监测鲤鱼、草鱼、鲫鱼、罗非鱼、大菱鲆、对虾6个品种，监测项目包括硝基呋喃类、孔雀石绿、氯霉素、甲基睾酮、喹乙醇、己烯雌酚等，共检出2例样品不合格，监测合格率为98.6%，不合格品种为草鱼和鲤鱼，不合格项目为无色孔雀石绿。

3. 水产苗种兽药残留监测

全年共监测10批次，抽样环节全部为产地，监测地区包括石家庄、唐山、沧州、廊坊4市，监测对虾、中国对虾、鳙鱼、鲢鱼、罗非鱼、梭子蟹

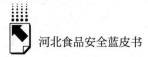

6 个品种，监测项目包括硝基呋喃类、孔雀石绿、氯霉素，未检出不合格样品，监测合格率为 100%。

4. 海水贝类产品有毒有害物质监测

全年共监测 150 批次，监测地区为北戴河新区海域、昌黎海域、乐亭海域、丰南海域，主要监测品种为扇贝、菲律宾蛤仔、牡蛎、缢蛏、四角蛤蜊、毛蚶、文蛤、青蛤和黄蚬子，监测参数按项目规定要求为铅、镉、多氯联苯、细菌总数、大肠杆菌、腹泻性贝类毒素、麻痹性贝类毒素，经检测 150 个贝类样品全部合格，合格率为 100%。

（二）省级水产品质量安全监测

1. 基本情况

在全省 13 个市（含定州市、辛集市）监测 29 个水产品种 27 项参数，共抽检 907 批次样品，检出 16 个样品不合格，抽检总体合格率为 98.2%。

2. 监测结果分析

（1）从监测地区看，保定、沧州等 10 个市抽检合格率在 97% 以上。16 个不合格样品中，不合格样品数较多的市为秦皇岛（7 个）和承德（3 个），详见表 1。

表 1   2019 年河北省水产品质量安全监测结果分市统计

单位：个，%

序号	监测地区	抽样数量	合格数量	不合格数量	合格率
1	保定	53	53	0	100
2	沧州	155	155	0	100
3	邢台	44	44	0	100
4	邯郸	48	48	0	100
5	唐山	144	143	1	99.3
6	石家庄	74	73	1	98.6
7	廊坊	63	62	1	98.4
8	张家口	49	48	1	98.0
9	衡水	55	53	2	96.4
10	承德	64	61	3	95.3

序号	监测地区	抽样数量	合格数量	不合格数量	合格率
11	秦皇岛	128	121	7	94.5
12	定州	15	15	0	100
13	辛集	15	15	0	100
合计	—	907	891	16	98.2

（2）从监测品种看，抽检的 29 种水产品中，抽检合格率相对较高的品种是虹鳟、罗非鱼、武昌鱼、鲶鱼、泥鳅、鲢鱼、鳙鱼、对虾、梭子蟹、牙鲆、舌鳎、花鲈、乌鳢、大黄鱼、海参、中华鳖、梭鱼、河豚、青虾、细鳞鱼、黄颡鱼、河蟹、鲴鱼、青鱼，合格率 100%。大菱鲆、姆鱼、草鱼、鲤鱼、鲫鱼合格率相对较低，主要原因均为常规药物恩诺沙星 + 环丙沙星超标。

（3）从监测参数看，27 项参数中 2 项参数存在超标问题，占比 7.4%。禁用药物方面，硝基呋喃类代谢物、氯霉素、喹乙醇、甲基睾酮、己烯雌酚抽检合格率为 100%。孔雀石绿抽检合格率为 99.9%，虽禁用多年仍时有检出。常规药物方面，磺胺类药物、酰胺醇类（甲砜霉素、氟苯尼考）抽检合格率为 100%。恩诺沙星 + 环丙沙星抽检合格率为 97.2%，抽检的 530 个样品中有 15 个不合格。

（4）从抽样环节看，731 个产地水产品样品中 10 个不合格，合格率 98.6%，其中常规药物超标 9 次，主要为恩诺沙星 + 环丙沙星；禁用药物超标 1 次，为孔雀石绿。176 个市场水产品样品中 6 个不合格，合格率为 96.6%，均为常规药物恩诺沙星 + 环丙沙星超标。

（5）从趋势看，水产品总体合格率继续保持较高水平。2017～2019 年，水产品总体合格率分别为 96.6%、98.3% 和 98.2%，禁用药物超标次数（17 次、10 次、1 次）和超标占比（60.7%、45.5%、6.3%）均逐年下降。监测发现，常规药物恩诺沙星 + 环丙沙星超标是影响河北省水产品抽检合格率的主要因素，其次是禁用药物孔雀石绿仍有检出。

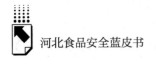

三　监管举措

坚持"四个最严"要求和产管并重原则，一手抓标准化生产，一手抓突出问题治理，有效消除了区域性、系统性、链条式风险，保障了水产品质量安全和产业健康发展。

（一）实施标准引领

加强标准集成转化和示范落地，全年共申报省级渔业地方标准计划13项，汇编印发2017～2018年省级渔业标准13项。印发《2019年河北省水产品标准化生产推进方案》，指导生产单位制定生产技术操作规程和质量控制措施，推进老旧水产养殖池塘改造、近海养殖网箱标准化改造和水产健康养殖示范创建扶持等重点举措，全年新创建水产健康养殖示范场23家，全省累计达到164家，标准化生产覆盖率达到64%，同比提高7个百分点。

（二）狠抓专项整治

坚持问题导向和标本兼治原则，在水产品养殖重点区域，针对产地养殖、鱼塘出池及装车环节开展重点整治，打击使用禁用兽药、非法添加禁用化学物质、违反休药期规定上市行为，先后组织开展了水产品兽药残留及非法投入品专项整治、"不忘初心　牢记使命"主题教育水产品兽药残留专项整治等集中整治行动，全省共出动渔政执法人员8740人次，检查生产经营企业3750家次，查处并责令整改问题40起；组织指导培训159场次，培训人员1139人次；开展媒体宣传302次，发放宣传材料15381份。

（三）加大监测力度

全年共完成省级以上水产品质量安全监测1407批次，实现了"四个全覆盖"，即监测地区覆盖了全省11个设区市和2个省直管市，监测品种覆盖了全省主要养殖品种和市场销售品种，监测环节覆盖了产地、"三前"环节和市场，监测对象覆盖了各类规模化生产主体和养殖散户。同时，严格落实检打联动工作机制，对于监督抽查中发现的不合格样品，均按要求组织开展了追溯查处。

四 工作成效

（一）产业发展更加健康

水产养殖业、捕捞业等传统产业加快转型升级，渔业资源养护和内陆水域生态修复工作深入推进，加工贸易和休闲渔业发展势头强劲，全产业表现出减量增收、提质增效的良好发展势头，省级水产品质量安全监测合格率连续两年达到98%以上，全省未发生水产品质量安全事件。

（二）监管机制初步形成

印发《河北省农业农村厅关于进一步加强农产品质量安全监管完善协调联动机制的意见》，理顺了综合监管处室、渔业行政主管处室、渔政执法机构和涉渔事业单位的职责关系，克服了监管责任边界不清晰、工作衔接不紧密、协调配合不够有力等问题，构建了各司其职、各尽其责、统筹协调、齐抓共管的水产品质量安全监管工作格局。

（三）追溯体系创新推进

在严格落实农业农村部农安追溯与农业农村重大创建认定、品牌推选、农产品认证、农业展会"四挂钩"意见的基础上，结合全省实际，印发农产品质量安全追溯"六挂钩"意见和实施方案，进一步拓展挂钩范围，增加龙头企业认定、合作社和家庭农场认定两个追溯挂钩事项，理顺推进机制，对各类认定认证事项进行系统梳理整合，明确了推进时间节点和责任分工，举办3期追溯业务培训班进行系统解读，督促企业主体责任的落实。

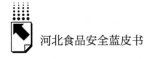

（四）检测能力持续提升

注重加强水产品质量安全检验检测队伍能力素质建设，连续 4 年对基层检测人员进行集中培训，共培训市县检测技术人员 144 人次。连续 8 年举办全省基层检测技能竞赛，连续 3 年组队参加全国竞赛。2019 年 11 月，河北省代表队荣获第四届全国农产品食品检验员技能竞赛团体第 5 名，比 2016 年名次大幅前移，首次跻身全国五强，实现了历史性突破。

五　形势分析

（一）优势

一是资源禀赋丰富，对虾、扇贝、海参、梭子蟹、河豚、鳟鱼、鲟鳇、中华鳖等优势产品以及中国对虾、三疣梭子蟹、红鳍东方鲀、褐牙鲆、半滑舌鳎、中华鳖等优势种质资源在全国具有较大影响力。二是产业基础较强，全省初步形成了沿海高效型水产养殖带、城市周边休闲型水产养殖带和山坝生态型水产养殖带三大优势产业集群。三是高质量发展潜力大，全省共建成水产健康养殖示范场 164 家，国家级、省级水产原良种场 39 家，海洋牧场 20 个，国家级海洋牧场示范区 14 家。

（二）劣势

一是河北省渔业一二三产业融合程度低，扶持政策少，产业链条短。二是水产养殖设施和科技装备水平低，在贝类苗种规模化繁育、养殖尾水处理、水域生态修复等关键共性技术研发方面能力弱，部分县级质检站定量检测能力较差，检测能力和监管任务不相适应。三是渔业精深加工产品少，附加值低，市场竞争力较弱，缺少在全国叫得响的名牌产品。

（三）机遇

一是国家十部委印发《关于加快推进水产养殖业绿色发展的若干意见》，河北省也出台了具体实施意见，明确了总体目标和保障措施，为全省水产养殖业转型升级、高质量发展提供了政策依据。二是雄安新区白洋淀水域生态修复工程、水生生物增殖放流活动连年实施，对于保护青虾、鲢鳙鱼、河蟹、黄颡、乌鳢、鳜鱼等渔业物种及其栖息繁育场地具有重大作用。三是河北省渔业发展"十四五"规划编制、有关涉渔地方性法规修订等工作已经陆续启动，对于引领渔业产业健康发展意义重大。

（四）挑战

一是受生态环境保护"三线一单"制度和资源养护制度的限制，内陆淡水渔业养殖空间持续受到挤压，近海捕捞强度持续降低，水产品产量缩减，供需矛盾加剧。二是水域环境污染导致水产品中生物毒素、重金属等有害物质蓄积，威胁水产品安全消费。三是养殖业从业人员法律意识弱、科技素养低，违法违规用药和非法使用禁用化学物质的行为时有发生。

六 对策建议

（一）加强政策体系建设

修订《河北省人工鱼礁管理规定》，编制发布渔业发展"十四五"规划及《河北省水域滩涂规划》、《河北省海洋牧场建设规划》等专项规划，完善支持政策，加强顶层设计，营造高质量发展的制度环境。

（二）推进水产健康养殖

大力推广水产健康养殖技术，开展水产养殖用药减量行动，围绕渔业生

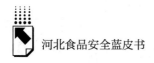

产标准化、质量安全追溯、"两品一标"认证、产学研科技示范等方面加大扶持力度，进一步增强绿色优质水产品生产供应能力。

（三）强化渔业科技创新

积极开展院企科技合作，加强贝类苗种规模化繁育、养殖尾水处理、水域生态修复等关键共性技术的研发示范，积极开展安全生态型水产养殖用药、绿色环保型人工全价配合饲料等涉渔产品的研发与推广，增强科技创新能力。

（四）深入推进专项整治

坚持问题导向，持续开展水产品质量安全专项整治，建立水产品风险隐患清单（台账）制度，实施精准整治，加强宣传培训、跟进指导与服务，加强合理、安全、规范用药的技术培训，严格落实恩诺沙星、环丙沙星等常规兽药的休药期制度，加强替代药物使用指导，规范水产品养殖生产、经营行为。

（五）加强质量安全监测

加大风险（例行）监测、产地水产品兽药残留监控工作力度，对风险监测中发现违禁药物使用问题，要组织跟进监督抽查，落实检打联动、"两法衔接"等工作机制，拓宽受案渠道，从严查处不合格产品的生产单位，落实处罚到人要求，涉嫌犯罪的坚决移送司法机关查办。

2019年河北省食用林产品质量
安全状况分析及对策研究

杜艳敏　王　琳　孙福江　曹彦卫　宋　军　王海荣*

摘　要： 2019年，河北省围绕提升食用林产品质量安全水平，实现经济林产业高质量发展的总体目标，依托资源优势和区域特色，推广无公害标准化栽培管理，建设高标准示范基地；加强食品安全行业监管，提升机构检验检测能力；注重加强协同配合，积极承担食品安全社会责任，全省食用林产品质量安全工作取得明显成效。2019年全省食用林产品抽样检测合格率为99.51%，食品安全整体情况较好。通过对河北省主产区和市场主销的31类食用林产品的质量安全监测情况进行分析，虽然检测合格率较高，但仍然存在部分林产品农药残留超标、农药检出率较高、果农质量安全意识有待进一步提高等问题。本文针对存在问题，结合职能分工，提出了今后工作的对策举措。

关键词： 食用林产品　安全监管　社会共治

* 杜艳敏，河北省林业和草原局政策法规与林业改革发展处二级调研员，主要从事经济林生产经营监管工作；王琳，河北省林业和草原局政策法规与林业改革发展处四级主任科员，主要从事经济林生产经营监管工作；孙福江，河北省林草花卉质量检验检测中心副主任、推广研究员，研究方向为林产品监测和研究；曹彦卫，河北省林草花卉质量检验检测中心高级质量工程师，中国农业科学院食品安全方向农业推广硕士，研究方向为林产品质量安全检测与研究；宋军，河北省林草花卉质量检验检测中心高级质量工程师，主要研究方向为果品及经济林产品质量检验检测技术；王海荣，河北省林草花卉质量检验检测中心林业高级工程师，研究方向林果检测。

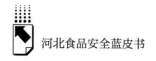

一 河北省食用林产品质量安全监管工作开展情况

2019 年，河北省食用林产品质量安全工作围绕提高林产品质量、提升检验检测能力、探索智慧监管新模式的工作目标，积极开展食品安全各项工作，通过调整经济林产业结构、建设高标准示范基地、提高经济林产业化规模化程度、更新升级检验检测仪器设备、提升实验室检测能力等措施，建立健全食用林产品质量安全保障体系，促进全省经济林产业高质量发展。全年没有发生食用林产品质量安全事件。

（一）推广标准化生产管理，提高林产品质量

组织实施和推广省力、高效、优质等标准化栽培模式，加强生产投入品源头管理，推行生物、物理、化学防治相结合的综合措施，大力推广安全间隔期用药技术，实现病虫无公害防控，确保食用林产品产地安全。以现代林果花卉产业基地建设项目为抓手，引导企业通过改善基地基础设施建设、实施标准化种植管理、引进新品种新技术等措施，加快品种老化、效益低下干果经济林基地升级改造和提质增效，不断提高基地建设水平。积极发挥省内高等院校、科研院所的人才优势，组织实施了河北省经济林产业技术支撑体系，成立了核桃、板栗、枣、仁用杏等 7 个树种的 13 个专家指导组，通过技术培训、现场指导、网络教学等多种形式，示范省力化整形修剪技术、高效栽培技术、土壤管理技术、病虫害防治技术以及灾后产业指导等，进一步提高果树管理技术水平，降低管理成本，提高优质果品率和精品果率，带动当地农民增收致富，取得良好的示范效果。

（二）加强食品安全风险监测，提升行业监管能力

结合工作实际，河北省林业和草原局印发了《关于做好 2019 年经济林产品质量安全风险监测工作的通知》，对经济林产品风险监测工作进行安排

部署，并制定了2019年全省经济林产品质量安全风险监测方案，监测范围覆盖全省13个市（含定州市、辛集市）经济林产品生产基地，监测项目包括200种农药及其代谢产物，监测产品为河北主产经济林产品8类。全年共抽检食用林产品样品1025个批次，其中合格1020批次，合格率为99.51%，整体合格率较高。完成检验500批次，编发简报5期。在监测的八类产品中，枣、花椒存在农药残留超标问题，其他六类经济林产品全部合格。完成国家林业和草原局交办的食用林产品及其产地土壤质量安全监测任务240批次、木质林产品质量安全监测任务20批次，推进、指导市县林业和草原主管部门完成经济林产品质量监测1034批次。

（三）完善质量安全标准体系，提升检验检测能力

2019年，河北省林业和草原局对核桃、枣、板栗、柿子、花椒、可食用杏仁、榛子等河北省主要食用林产品相关标准进行了分类管理，初步构建了以《食品安全国家标准　食品中农药最大残留限量》（GB2763 - 2019）、《食品安全国家标准　植物源性食品中208种农药及其代谢物残留量的测定　气象色谱—质谱联用法》（GB23200.113 - 2018）、《蔬菜和水果中有机磷、有机氯、拟除虫菊酯和氨基甲酸酯类农药多残留的测定》（NY/T761 - 2008）、《经济林产品质量安全监测技术规程》（LY/T2800 - 2017）为主的食用林产品监测标准体系，为推广标准化生产提供了技术保障。

加强河北省林草花卉质量检验检测中心能力建设，承建了河北省果品质量安全追溯体系建设项目，在省林草花卉质检中心和辛集、行唐等33个县（市、区）建立数据采集点80个。目前已完成了果品质量安全追溯公益性平台建设升级，布设了质量安全追溯果品生产基地80个，安装完成产地环境在线监测系统，配备生产数据采集设备53台（套），原子荧光光谱仪、气相色谱三重四级串联质谱仪、液相色谱三重四级串联质谱仪等大型检验检测设备3台（套）。质量安全追溯系统面向消费者、生产基地、质检机构、行业管理部门等开放，实现了"产地环境实时监测、生产过程定期跟踪、质量安全专业检测、产品信息公开查询"，初步构建了以"质量安全追溯系

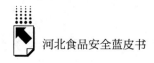
统信息平台、生产者（基地）全过程生产记录、林业部门检测监管、消费者信息查询"等为重点的从"果园到餐桌"的果品质量安全追溯体系，开启了食品安全工作"智慧监管"新模式。

（四）加强协作配合，推进社会共治

配合省食安办，安排部署暑期食品安全保障工作。下发了《关于报送2019年暑期食品安全隐患大排查大整治行动情况的通知》和《关于做好2019年暑期食用林产品安全保障工作的通知》，要求在全省集中有效开展食用林产品质量安全隐患大排查大整治工作，及时消除暑期食用林产品质量安全隐患。同时，强化督导检查，抽调专门人员组成督查组，重点对廊坊、唐山、秦皇岛等市级质检机构，迁西、遵化等经济林重点产区基地、相关企业以及海港区、北戴河区等果品（干果）市场进行了安全隐患排查，2019年没有发现大的食用林产品质量安全隐患和风险，特别是唐山市和秦皇岛市等重点产区初步形成了以诱捕器、杀虫灯等生物防治为主的综合治理局面，为食用林产品质量安全提供了重要安全保障。

按照"三个赛区、一个标准"和"北京主导、河北对标"的要求，配合省冬奥办、省商务厅组织开展供奥干果备选供应基地遴选和食品安全保障工作。参与制定了《2022年冬奥会和冬残奥会河北省区域餐饮食材备选基地、供应商推荐工作方案》《2022年冬奥会和冬残奥会河北省区域餐饮食材备选地、供应商首批推荐现场考察参考内控标准》和《河北供奥果品基地准入条件》，开展了3批次重要赛会活动餐饮原材料备选供应基地（企业）和流通供应商推荐工作，并推荐5名林果方面专家，对各市推荐的北京2022年冬奥会和冬残奥会河北省区域备选食材基地、食品供应商进行实地勘验，确定食材供应基地推荐名录。为进一步做好供奥干果食品安全保障工作，省林业和草原局制定了《河北省干果产品质量安全突发事件应急预案（草案）》，并积极与北京市园林绿化局进行沟通对接，参照北京方面的经验做法，进一步完善工作规范，以现行河北省干果类质量安全标准体系和风险管控体系为基础，加快制定完善河北省冬奥干果产品质量安全

标准体系、质量安全追溯体系和风险管控体系，细化优化解决方案，确保供奥食品质量安全。

（五）加强食品安全宣传教育，提高群众食品安全意识

食品安全是关系人民群众生命健康安全的头等大事，河北省林业和草原局将食品安全宣传教育工作作为食品安全工作的重要内容，将食品安全与林业生产紧密结合，加强源头管控，确保食用林产品生产安全。积极开展以"尚德守法 食品安全让生活更美好"为主题的食品安全宣传周活动，并以"科技人员深入基层指导和培训果农标准化生产知识"为主要内容，组织各市林业和草原主管部门开展了食品安全宣传周主题日活动。各地通过开展技术培训、宣传广播等形式大力宣传《食品安全法》《森林法》等有关法律法规知识以及食品安全有关常识。组织市县乡技术人员深入基层果园开展示范指导和技术培训，进一步增强林果农安全生产意识和果树标准化管理技术水平。宣传周活动期间，全省共有329名林果科技人员开展技术指导和培训，共举办林果科技培训123场次，培训果农8400余人次，发放技术手册、宣传资料等1.65万份。

二 食用林产品质量安全状况及分析

按照《河北省林业和草原局关于做好2019年经济林产品质量安全风险监测工作的通知》要求，河北省林草花卉质量检验检测中心对全省11个设区市和定州市、辛集市的经济林产品生产基地进行了抽样监测，并就监测结果中存在的问题提出对策建议。

（一）食用林产品质量检验检测工作基本情况

为做好全省食用林产品质量安全检验检测工作，河北省林草花卉质量检验检测中心深入开展调研，了解掌握全省经济林产品生产情况，省林业和草原局制定了2019年全省经济林产品质量安全风险监测方案，明确监测重点

品种、重点区域和重点时段，合理设置监测抽样地点，扩大监测品种覆盖范围，更全面、客观地反映全省经济林产品质量安全状况。监测范围包括全省11 个设区市和 2 个直管县经济林产品生产基地；抽检样品以当地主产林产品为主；监测项目包括杀虫剂、杀菌剂、杀螨剂、除草剂及生长调节剂等200 种农药及其代谢产物；监测时间为 7~12 月，以河北省主产经济林产品集中成熟期为主；监测产品涉及核桃、板栗、枣、柿子、榛子、可食用杏仁、花椒、山楂 8 类河北省主产经济林产品。

2019 年，共抽检经济林产品样品 1025 批次，其中合格 1020 批次，合格率为 99.51%，整体合格率较高（见表 1）。

表1　2019 年河北省经济林产品质量安全风险监测结果一览

单位：%

序号	产品名称	抽检批次	不合格批次	合格率
1	核桃	336	0	100.00
2	枣	243	1	99.59
3	板栗	217	0	100.00
4	可食用杏仁	94	0	100.00
5	花椒	55	4	92.73
6	榛子	36	0	100.00
7	柿子	32	0	100.00
8	山楂	12	0	100.00
	合计	1025	5	99.51

（二）监测结果分析

从监测品种看。2019 年河北省抽样监测的 1025 批次 8 类经济林产品中，枣、花椒存在农药残留超标问题，其中 1 批次枣样品检出氰戊菊酯超标，4 批次花椒样品检出氯氰菊酯超标，其他 6 类经济林产品全部合格。

从监测指标看。在抽样监测的 1025 批次中，除氰戊菊酯、氯氰菊酯 2 种农药残留超标外，其他监测样品农药残留均合格。其中，有 302 批次检出农药残留，农药残留检出率为 29.46%，其中氯氰菊酯、联苯菊酯、氯氟氰菊酯、氰戊菊酯、甲氰菊酯、氯菊酯、氟戊氰菊酯、胺菊酯、苯醚甲环唑、毒死蜱、腈菌唑、戊唑醇、丙溴磷、腈苯唑、喹硫磷、扑灭津、腐霉利、亚胺硫磷、甲草胺、增效醚、哒螨灵、三唑酮、三唑醇、戊菌唑、丙环唑、己唑醇、氟环唑、醚菌酯、毒死蜱、肟菌酯、溴氰菊酯、马拉硫磷、莠去津、多效唑、三氯杀螨醇、苯硫磷、三唑磷、烯唑醇38种农药被检出，但在标准范围内。

（三）主要成效和问题

从监测结果来看，2019年全省经济林产品质量风险监测合格率为99.51%，整体合格率较高，近年来未发生重大食用林产品质量安全事故，河北省食用林产品质量安全总体状况稳定。

通过监测发现存在以下几个主要问题。

第一，部分监测样品中存在农药残留，有一定质量安全隐患。如在监测243批次枣中，1批次检出氰戊菊酯农药残留超标，合格率为99.59%，189批次检出农药残留，农药残留检出率77.78%，检出氯氰菊酯、戊唑醇、肟菌酯、溴氰菊酯、氰戊菊酯、苯醚甲环唑、腈菌唑、马拉硫磷、毒死蜱、哒螨灵、三唑酮、三唑醇、戊菌唑、丙环唑、己唑醇、氟环唑16种农药残留，残留农药较多。在监测55批次花椒中，4批次检出氯氰菊酯超标，合格率为92.73%，23批次样品检出农药残留，农药残留检出率41.82%，检出氯氰菊酯、联苯菊酯、溴氰菊酯等9种农药残留。

第二，个别果农对无公害标准化生产技术掌握不全面，食品安全意识还有待加强，合理用药、对症用药、安全间隔期等技术还需加强推广普及。

第三，机构改革后，县级林业生产管理专职人员和专业技术人员不足，不利于引导农户开展标准化生产工作。此外，基层检验检测装备和检测技术水平有待进一步改善提升。

三　2020年重点工作安排

（一）强化食用林产品生产安全监管，及时消除食品安全风险隐患

继续加大对食用林产品生产基地经常性监督检查工作力度，重点检查田

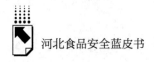

间农药使用记录情况，了解掌握全省食用林产品安全状况和风险水平，科学合理制定风险防控措施，对违规使用禁用农药的单位或个人进行严厉查处。积极开展全省林产品质量安全风险隐患排查整治工作，及时排除安全隐患，做到主动防范、及早介入，严把生产安全关，保障广大人民群众食用林产品消费安全。

（二）积极推广实用技术，加快科技成果转化

加大无公害果品生产管理技术推广力度，将良种苗木、整形修剪、果园生草、节水灌溉、生物防治等提高食用林产品质量的技术措施组装配套并应用于生产，切实提升食用林产品质量安全水平。加强生产投入品源头管理，推行增施有机肥、生草栽培、测土平衡施肥，减少化肥用量，提高土壤有机质含量；推行生物、物理、化学防治相结合的综合措施，大力推广安全间隔期用药技术，实现病虫绿色防控，最大限度减少农药残留。

（三）加强食品安全宣传教育，提升技术培训水平

利用食品安全宣传周等活动，加大食品安全宣传教育力度，提高果农的安全生产意识和消费者的维权意识，扩大对生产投入品使用和食用林产品质量安全的社会监督范围。充分发挥省经济林产业技术支撑体系专家团队和省、市、县、乡四级果树技术推广网络作用，通过现场指导，举办技术培训班、专家大讲堂等多种方式，加强对果农的技术培训，从根本上提升果农科技素质。

（四）切实做好风险监测评估工作，健全食品安全追溯体系

完善食用林产品质量安全风险监测制度，把经济林产品主产县以及上年度不合格率、农残检出率较高的品种作为监测重点，强化例行监测和产地环境监测，建立常态化监测机制。加快构建以省为主体、设区市为骨干、重点县为基础，协调联动、相互补充的果品（干果）质量安全检验检测网络，督促市县设立专门质检机构，配置专业检测仪器和技术人员，安排专项经

费，提升基层检验检测水平。进一步提升河北省林草花卉质量检验检测中心检验能力，更新升级仪器设备，加强检验检测人员技术培训，提高检验检测精准度。强化与河北省林业信息中心的协调联动，加快移动互联网技术在食用林产品质量安全监管体系和追溯体系中的应用，加快完善全省食用林产品质量安全追溯信息服务平台建设，免费向社会提供林品产地环境、主要农事生产活动、生产投入品使用、质量检验报告等信息查询服务，构建"互联网＋食品安全"监管新模式。

（五）做好冬奥干果备选供应基地食品安全监管工作

加大对供奥干果经济林生产基地食品安全监管力度，将备选供应基地食用林产品监督抽检、风险监测和风险评估工作纳入全年监测计划，通过定期检测与随机抽查相结合的方式，积极开展质量安全风险监测，及时发现问题隐患，提出防控措施建议，坚决杜绝食源性兴奋剂问题，确保供奥食用林产品质量安全。

（六）加大陆生野生动物养殖监管力度

加大对《全国人民代表大会常务委员会关于全面禁止非法野生动物交易、革除滥食野生动物陋习、切实保障人民群众生命健康安全的决定》宣传力度，科学引导有条件的陆生野生动物养殖户调整养殖结构，转变生产经营方式。严厉查处陆生野生动物违法违规捕猎、交易行为，加强对毛皮动物特种养殖集中区的监管，防止特种养殖毛皮动物胴体肉流入食品市场。

B.6
2019年河北省食品相关产品行业
发展及质量状况分析报告

芦保华　刘金鹏　王青*

摘　要：　2019年，河北省市场监管部门强化了对全省食品相关产品的监督抽查和风险监测，在保障食品相关产品质量安全的前提下，积极推动产业升级，食品相关产品产业总体发展状况良好，产品监督抽查总体合格率为98.1%。不合格产品涉及复合膜袋、塑料工具、编织袋、餐具洗涤剂四类产品。不合格项目包括复合膜袋产品剥离力不合格、苯类溶剂残留量不合格、氧气透过量不合格，编织袋产品剥离力不合格，餐具洗涤剂产品总活性物质不合格、塑料工具（密胺餐具）三聚氰胺迁移量不合格。建议在食品相关产品的质量监管中要加大对食品相关产品知识的宣传教育力度，加强公众对食品相关产品的了解和认知，同时要加大对高风险食品相关产品的检验检测力度，对不合格产品依法依规进行处理，并追究生产企业的主体责任，促进全省食品相关产品质量提升。

关键词：　河北　食品相关产品　监督抽查　风险监测

---

* 芦保华，河北省市场监督管理局特殊食品监督管理处，主要从事食品相关产品质量监管工作；刘金鹏，河北省环保产品质量监督检验研究院，主要从事食品相关产品质量检测工作；王青，河北省环保产品质量监督检验研究院，主要从事食品相关产品质量检测工作。

一 食品相关产品基本情况

（一）产品概况

2015年10月1日起实施的《中华人民共和国食品安全法》中对食品相关产品的定义是用于食品的包装材料、容器、洗涤剂、消毒剂和用于食品生产经营的工具、设备。用于食品的包装材料和容器指包装、盛放食品或食品添加剂用的纸、竹、木、金属、搪瓷、陶瓷、塑料、橡胶、天然纤维、化学纤维、玻璃等制品和直接接触食品或者食品添加剂的涂料；用于食品生产经营的工具、设备，指在食品或者食品添加剂生产、流通、使用过程中直接接触食品或者食品添加剂的机械、管道、传送带、容器、用具、餐具等；用于食品的洗涤剂、消毒剂，指直接用于洗涤或者消毒食品、餐饮具以及直接接触食品的工具、设备或者食品包装材料和容器的物质。

（二）常见食品相关产品分类

常见的食品相关产品有塑料制品、纸制品、橡胶制品、金属制品、玻璃制品、陶瓷制品、竹木制品、餐具洗涤剂、食品机械等。

1. 塑料制品

塑料制品是以合成或天然的高分子树脂为主要材料，添加各种助剂后，在一定的温度和压力下具有延展性，冷却后可以固定其形状的一类包装制品。根据材料的不同，常见的食品用塑料材质有聚乙烯（PE）、聚丙烯（PP）、聚酯（PET）、聚苯乙烯（PS）、聚碳酸酯（PC）、聚酰胺（PA）、聚乳酸（PLA）等，根据产品的形式分为包装类、容器类、工具类。相对于传统包装材料，塑料制品有着诸多优点：第一，密度小，强度高，可以获得较高的包装率（单位质量的包装体积或包装面积大小）；第二，大多数塑料的耐化学性好，能良好地耐酸、耐碱、耐各类有机溶剂，长期放置不发生氧化；第三，成型容易，所需成型能耗低于钢铁等金属材料；第四，具有良好

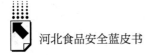

的透明性、易着色性；第五，具有良好的强度，单位重量的强度性能高，耐冲击，易改性；第六，加工成本低；第七，绝缘性优。基于以上的诸多优点，塑料制品是目前市场上使用量最大的食品相关产品。

2. 纸制品

纸制品是利用植物纤维和辅助材料加工成厚薄均匀的纤维层，即纸和纸板，再根据需要经过物理、化学、机械等方式的加工处理制成杯、碗、袋、盒、罐等制品。食品用纸制品具有许多优点：使用可再生原材料生产，原料丰富，来源广泛；缓冲减振性能好；重量轻，易折叠、装载和捆扎，贮运方便；加工适应性好，既能手工制作也能机械化自动化生产；印刷装潢性能优良，便于涂塑和黏合加工；可回收利用，有利于环境保护。

3. 橡胶制品

橡胶制品包括以天然橡胶、合成橡胶和硅橡胶为主要原料制成的食品接触材料。由于橡胶具有良好的弹性和较好的密封作用，广泛应用于婴幼儿奶嘴、保温杯的密封圈等产品。

4. 金属制品

常见的食品包装用金属制品从材质上主要分为马口铁材料和铝板两种。食品及饮料采用金属罐时，通常在罐壁内外涂装有机保护涂料。内壁涂料用以防止内容物对罐壁的腐蚀，避免金属离子溶出，保护内容物在贮藏期内的质量。涂膜常需具备优良的抗蚀性、附着性、耐机械加工性、耐热杀菌性以及符合毒理学卫生规定等。外壁涂料用以防止罐外生锈，保护印刷膜，增加美观度，提高商品价值。要求涂膜具有良好的光泽、硬度、附着性、保色性以及耐蒸煮性等。

5. 玻璃制品

常见的玻璃制品有玻璃瓶、玻璃杯等，玻璃制品作为包装容器已有很长的历史。玻璃制品包装容器具有透明性、密封性、化学稳定性和可以重复使用等特征。但缺点是易碎，重量大。玻璃瓶按种类和制法分为一般玻璃瓶、轻量玻璃瓶、塑料强化瓶、化学强化瓶等，按瓶口形状又分为细口瓶和广口瓶，细口瓶适用于酒类、饮料、调味品等，广口瓶适用蔬菜、水果、果酱、肉类等罐装食品；玻璃杯在用途上分为茶杯、酒杯等。

6. 陶瓷制品

陶瓷是陶器和瓷器的总称。陶瓷的传统概念是所有以黏土等无机非金属矿物为原料的人工工业产品。它包括由黏土或含有黏土的混合物经混炼、成形、煅烧而成的各种制品。从最粗糙的土器到最精细的精陶和瓷器都属于它的范围。

7. 竹木制品

竹木制品在生活中应用极为广泛，且拥有悠久的历史，包括日常所用的筷子、铲、勺、木塞等。

8. 餐具洗涤剂

餐具洗涤剂由于其内部的表面活性成分对油脂等污物有较强的乳化作用，从而达到洗涤的目的。餐具洗涤剂由于洗涤能力强，洗涤时浓度要求较低、刺激性小等特点，广泛应用于水果、蔬菜、锅碗等炊具的清洗。

9. 食品机械

食品机械是指把食品原料加工成食品（或半成品）过程中所应用的机械设备和装置，可分为食品加工机械、包装机械两大类。食品加工机械包括筛选与清洗机械、粉碎与切割机械、搅拌均匀与均质机械、成型机械、分离机械、蒸发与浓缩机械、干燥机械、烘烤机械、电加热机械、冷冻机械、挤压膨化机械、输送机械等，包装机械包括包装设备、包装印刷机械、包装容器制造机械、包装材料加工机械等。

二 国内外食品相关产品行业发展状况及趋势

（一）我国行业现状

1. 国内产业分布情况

据统计，全国食品用复合膜袋产品获证企业有 2000 多家，非复合膜袋产品获证企业 1000 余家，PET 瓶产品的获证企业 560 余家，一次性餐饮具产品的获证企业 2000 余家，食品用纸包装、纸容器产品的获证企业共计 1500 余家，其中年产值亿元以上的规模企业约占 10%，产值占总产值的一半以上。在产业分布区域上，食品用塑料制品企业主要分布在东部沿海地区，生产地主要集中于广东、浙江、山东、江苏、四川、河北等省，这些地区的企业数量和产量占到全国总量的 60% 以上；食品用纸制品企业主要集中在环渤海地区（山东、天津）、珠江三角洲（广东）、长江流域（浙江、湖北、江苏、上海、安徽）三大区域和四川省；餐具洗涤剂主要集中于华东地区，占比为 39.5%，其次是华南地区，占比为 25.4%，西北地区占比仅为 2.6%。

2. 产业现状

目前，我国的食品相关产品行业较为成熟，整体发展平稳，经过近 10 年发展，已初步形成以五类发证产品为基础，以食品安全法为依托，产业已发展成具有较高技术水平和规模的行业，产品形态和生产规模已经趋于稳定，而且有些行业甚至达到了国际先进水平，以流延聚丙烯（CPP）行业为例，生产工艺和生产设备均已达到了国际先进水平，部分设备甚至引领了未来流延产品的发展潮流，而且在产能上傲视全球。

食品相关产品量大面广，涉及生产生活各个方面。中国的包装工业在经历了由小变大的发展过程后，正处于一个升级换代和结构调整的关键时期，从以前只注重包装产品的实用性能正在逐步向注重安全性能和环保性能转变，特别是食品、药品和危险品的包装质量越来越引起社会各界的重视，有关的法律法规也相继出台，管理措施也愈加严格。

（二）应用前景和发展趋势

1. 绿色包装化

大力推广使用绿色环保型的包装材料，将是未来包装行业发展的趋势。随着人们对环境生态越来越重视，绿色、可持续、循环使用、可再生利用等名词映入视野，随着环境问题越来越突出，资源越来越少，人们对绿色包装的需求迫在眉睫。从食品包装安全角度出发，以安全为基础，以可持续绿色发展为导向，食品包装企业应朝以下方向发展：一是食品安全，符合相关法律法规、相关食品安全标准；二是透明化，尽量减少色母的使用，使用无色透明产品，达到易于回收目的；三是减量化，包装用材料尽量做到薄、轻；四是资源化，对现有较高价值的包装制品进行回收利用；五是无害化，尽量实现绿色无害化处理。实现企业由过去的"生产—消费"型转变为现在的"资源—产品—再生资源"型。

2. 科技化

科技的快速发展，要求食品包装材料也必须具有较高科技水平，以满足人们日益增长的需求。未来的食品包装只有提高技术含量，才能赢得更大的市场。科技是第一生产力。现今，发达国家在食品包装生产领域具有垄断性。我国的食品包装产业要想打破欧美发达国家对食品包装生产的垄断行径，必须在包装材料的科技创新领域有所突破。总之，食品包装材料今后发展的主流趋势是安全化、科技化、减量化、资源化、无害化。食品工业是朝阳工业，食品包装材料作为食品工业全链条上必不可少一环，也将迅速发展。

（三）国内外食品相关产品标准对比

欧盟食品接触材料法规体系包括框架法规、专项指令和单独指令3个层次。其中，框架法规规定了对食品接触材料管理的一般原则，专项指令规定了框架法规中列举的每一类材料的系列要求，单独指令是针对单独的某一具体有害物质所做的特殊规定，法规体系如图1所示。

在2016年11月18日，国家卫生计生委和食品药品监管总局发布了《食品安全国家标准　食品接触材料及制品通用安全要求》（GB 4806.1 - 2016）等53项食品安全国家标准，其中包括添加剂GB 9685、搪瓷、陶瓷、玻璃、塑料（树脂）、纸和纸板、金属、涂料及涂层、橡胶等材料制品9个产品标准，以及39种特定物质的测试方法标准。连同之前发布的GB 4806.2 - 2015《食品安全国家标准　奶嘴》、GB 31603 - 2015《食品安全国家标准　食品接触材料及制品生产通用卫生规范》、GB 31604.1 - 2015《食品安全国家标准　食品接触材料及制品迁移试验通则》和GB 31604.2 - 2016《食品安全国

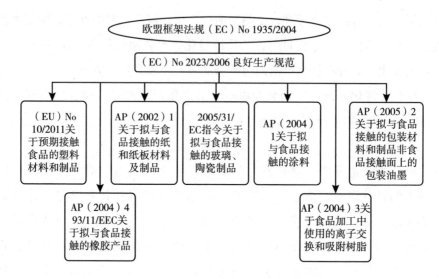

图1 欧盟食品接触材料法规体系

家标准 食品接触材料及制品 高锰酸钾消耗量的测定》等方法标准,我国关于食品接触材料及制品的新国标体系已基本形成,如图2所示。

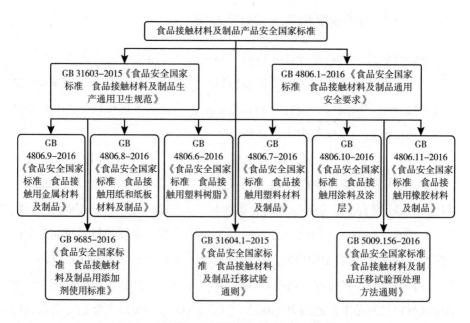

图2 中国食品接触材料及制品安全法规体系

三 河北省食品相关产品
行业状况

（一）纳入生产许可的食品相关产品行业基本情况

截至 2019 年 12 月 31 日河北省食品相关产品发证企业 994 家，其中塑料包装企业 868 家、纸包装企业 71 家、餐具洗涤剂企业 38 家、工业和商用电热加工设备企业 17 家，涉及复合膜袋、非复合膜袋、编织袋、塑料工具、纸杯、纸碗等多种产品，各类企业所占比例如图 3 所示。

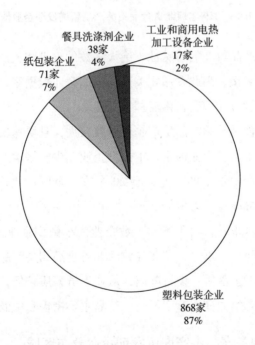

图 3 河北省食品相关产品各类发证企业比例（截至 2019 年 12 月 31 日）

从企业数量上看，河北省食品相关产品企业总数 2014～2019 年呈逐步上升趋势，但近两年经济下行压力较大，加上环保整治，从 2017 年至 2018

年新增发证企业数逐年下降，2019年新增发证企业数再次上升，从企业总数来看，河北省企业仍处于平稳上升状态，发展状况良好（见图4）。

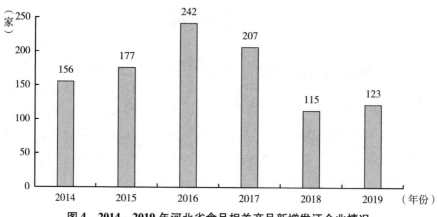

图4　2014～2019年河北省食品相关产品新增发证企业情况

由于食品相关产品行业的特殊性，绝大多数的食品相关产品生产厂家与食品生产厂家直接对接，因此食品相关产品生产企业根据客户方的需求量进行生产，不存在产能过剩问题，供需基本平衡。

虽然河北省的食品相关产品生产企业基数较大，且增速较快，但从各企业的规模分析，以小微型企业为主，中大型企业较少，基本上没有全国范围内的龙头企业，年产值过亿的企业只有20余家，全国占比不足3%，无明显产品特色，企业总体竞争力偏低。

从企业生产技术来看，由于绝大多数企业为小微型企业，企业对设备、管理和产品研发方面投入不足，从而导致河北省食品相关产品企业群体大规模小，管理粗放，工艺落后，设备陈旧，从业人员素质较低，产品附加值和科技含量低，市场竞争力和占有率不高，产品主要销售到中低端市场。

（二）食品相关产品生产许可发证企业分布区域

河北省食品相关产品发证企业分布在各地市及直管市，其中以沧州、石家庄、廊坊三个地区最多，定州、辛集、承德、张家口地区企业较少。区域集中性较为明显，其中深泽县是餐具洗涤剂产品生产集中地，东光县是复合膜袋产品生产集中地，玉田县是容器产品生产集中地，纸包装及制品主要集中在保定、廊坊，电热食品加工设备主要集中在石家庄、唐山、邯郸。

各地市情况：石家庄涵盖各类产品，其中餐具洗涤剂较为集中；雄安新区以复合膜袋、非复合膜袋、纸包装为主；沧州以复合膜袋、非复合膜袋、工具、容器为主，集中于东光县、沧县；保定以复合膜袋、非复合膜袋为主；廊坊以塑料工具和容器为主，集中于永清；唐山以容器为主，集中在玉田县；衡水以复合膜袋、工具为主；邢台以复合膜为主，集中在隆尧；邯郸以编织袋为主，集中于大名、魏县；秦皇岛以复合膜袋、容器为主，集中于市区；承德、张家口、定州以容器为主，数量较少；辛集主要产品是编织袋。各地市企业数量占比如图5所示。

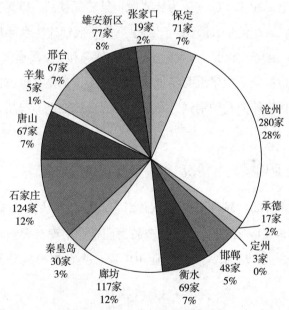

图5 河北省各地市食品相关产品发证企业占比情况

注：占比之和超过100%为四舍五入导致。

雄安新区企业由于不能适应新的产业政策要求，因此在逐步向其他地市或省外迁出，其中省内主要搬迁到衡水的阜城、固城等地，下一步衡水市发证企业将会呈现快速增长态势，其他地区企业增长较平稳。

107

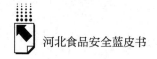

（三）未纳入生产许可的食品相关产品行业基本情况

日用陶瓷制品主要集中在唐山、邯郸地区，据抽查统计有60余家。唐山作为河北最大的陶瓷产业基地，拥有陶瓷生产加工企业近百家，并且是高档陶瓷——骨质瓷的生产集中地，日用陶瓷产品生产企业占比很小，规模大的企业以出口和商超产品为主，规模小的企业主要供应批发市场、农贸市场等。

玻璃制品生产企业主要以生产酒瓶为主，在2018年、2019年的抽查统计中全省有10余家，分布在石家庄、辛集、沧州、廊坊、衡水等地，企业规模较大。

金属制品食品相关产品主要为金属罐，给养元饮品、露露杏仁露等食品企业提供配套包装，企业数量少，产品单一，一般都建在食品厂附近，主要有石家庄晋州、廊坊、衡水、承德地区的马口铁罐和秦皇岛地区的铝易拉盖。

食品加工机械企业数量近几年也在逐步增加，主要有唐山玉田县的和面机、压面机，保定涞源县的铜锅，石家庄的面食加工机等产品，企业规模都比较小。

（四）企业规模基本情况

依据国家统计局《统计上大中小微型企业划分办法》中对企业规模的划分要求（见表1），全省食品相关产品发证企业中没有大型企业，中型企业1家、小型企业892家、微型企业101家。企业规模划分和占比如图6所示。

表1　企业规模划分

行业名称	指标名称	计量单位	大型	中型	小型	微型
工业	从业人员（X）	人	X≥1000	300≤X<1000	20≤X<300	X<20
	营业收入（Y）	万元	Y≥40000	2000≤Y<40000	300≤Y<2000	Y<300

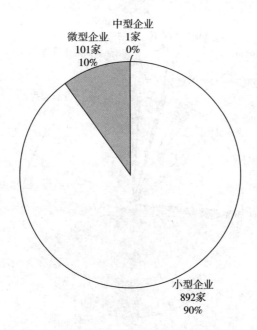

图6 河北省食品相关产品发证企业规模占比情况

四 2019年河北省食品相关产品质量状况

（一）监督抽查情况

1. 抽样情况及检测依据

2019年全年开展监督抽查产品14种695批次，涉及460家企业。产品包括复合膜袋、非复合膜袋、塑料容器、塑料工具、编织袋、餐具洗涤剂、电热食品加工设备、金属罐、纸制品、日用陶瓷、塑料片材、玻璃制品、竹木筷、安抚奶嘴。其中，实行生产许可证管理的产品10种、非生产许可证管理的产品4种。产品抽查比例如图7所示。

2019年监督抽查所涉及的14种产品，检测依据主要为相关产品标准和抽查细则（见表2）。

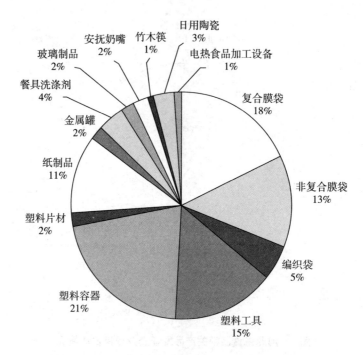

图7 2019 年河北省食品相关产品监督抽查产品比例

表2 2019 年河北省食品相关产品监督抽查产品依据

序号	产品类别	检验依据
1	复合膜袋	产品执行标准、《2019 年食品相关产品省级监督抽查细则》
2	塑料工具	产品执行标准、《2019 年食品相关产品省级监督抽查细则》
3	编织袋	产品执行标准、《2019 年食品相关产品省级监督抽查细则》
4	非复合膜袋	产品执行标准、《2019 年食品相关产品省级监督抽查细则》
5	塑料容器	产品执行标准、《2019 年食品相关产品省级监督抽查细则》
6	塑料片材	产品执行标准、《2019 年食品相关产品省级监督抽查细则》

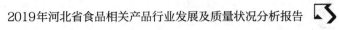

续表

序号	产品类别		检验依据
7	纸制品	食品包装纸	QB/T 1014－2010《食品包装纸》、《2019年食品相关产品省级监督抽查细则》
		纸杯	GB/T 27590－2011《纸杯》、《2019年食品相关产品省级监督抽查细则》
		纸碗	GB/T 27591－2011《纸碗》、《2019年食品相关产品省级监督抽查细则》
		其他纸包装及纸容器	GB 4806.8－2016《食品安全国家标准 食品接触用纸和纸板材料及制品》、《2019年食品相关产品省级监督抽查细则》
8	金属罐	有涂层	GB 4806.10－2016《食品安全国家标准 食品接触用涂料及涂层》、《2019年食品相关产品省级监督抽查细则》
		无涂层	GB 4806.9－2016《食品安全国家标准 食品接触用金属材料及制品》、《2019年食品相关产品省级监督抽查细则》
9	餐具洗涤剂		GB/T 9985－2000《手洗餐具用洗涤剂》、CCGF 211.8－2010《产品质量监督抽查实施规范 餐具洗涤剂》;执行标准
10	日用陶瓷		CCGF 306.1－2015《产品质量监督抽查实施规范 日用陶瓷》;执行标准
11	玻璃制品		GB 4806.5－2016《食品安全国家标准 玻璃制品》、《2019年食品相关产品省级监督抽查细则》
12	电热食品加工设备		产品执行标准、《河北省商用电热食品加工设备产品质量监督抽查实施细则》
13	安抚奶嘴		GB 28482－2012《婴幼儿安抚奶嘴安全要求》、《2019年食品相关产品省级监督抽查细则》
14	竹木筷	竹筷	GB/T 19790.2－2005《一次性筷子 第1部分:木筷》、《2019年食品相关产品省级监督抽查细则》
		木筷	GB/T 19790.1－2005《一次性筷子 第2部分:竹筷》、《2019年食品相关产品省级监督抽查细则》

2. 数据统计

2019年监督抽查的695批次样品中,13批次样品不合格,不合格率为1.9%。各类产品不合格率情况如表3所示。

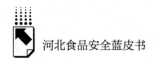

表3　2019年河北省食品相关产品监督抽查产品不合格情况

单位：%

样品类型	复合膜袋	非复合膜袋	编织袋	塑料工具	塑料容器	塑料片材	纸制品	金属罐	餐具洗涤剂	日用陶瓷	玻璃制品	电加热设备	安抚奶嘴	竹木筷	合计
采样批次	122	93	34	107	149	16	76	10	29	22	12	5	10	10	695
不合格批次	8	0	2	1	0	0	0	0	2	0	0	0	0	0	13
不合格率	6.6	0.0	5.9	0.9	0.0	0.0	0.0	0.0	6.9	0.0	0.0	0.0	0.0	0.0	1.9

监督抽查不合格产品涉及复合膜袋、塑料工具、编织袋、餐具洗涤剂四类产品。不合格项目为复合膜袋产品剥离力不合格、苯类溶剂残留量不合格、氧气透过量不合格，编织袋产品剥离力不合格，餐具洗涤剂产品总活性物质不合格，塑料工具产品（密胺餐具）三聚氰胺迁移量不合格。

3. 数据对比

（1）2015～2019年数据对比

2015年合格率为98.2%；2016年合格率为96.6%；2017年合格率为98.4%；2018年合格率为97.5%；2019年合格率为98.1%（见图8）。

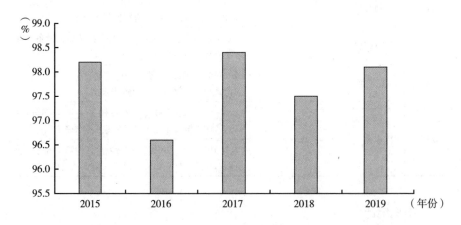

图8　2015～2019年河北省食品相关产品监督抽查合格率对比

a. 复合膜袋

2015 年第二季度不合格率为 4.3%，第四季度不合格率为 2.7%；2016 年第二季度不合格率为 5.3%，第四季度不合格率为 5.1%；2017 年第二季度不合格率为 3.3%，第四季度不合格率为 2.9%；2018 年第二季度不合格率为 7.4%，第四季度不合格率为 6.5%；2019 年第二季度不合格率为 4.4%，第四季度不合格率为 9.3%（见图 9）。

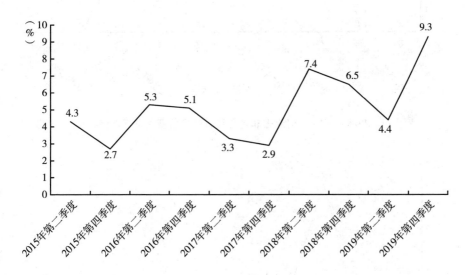

图9　2015～2019 年河北省复合膜袋产品监督抽查不合格率趋势

b. 非复合膜袋

2015 年无不合格；2016 年第一季度不合格率为 7.1%，第三季度不合格率为 3.3%；2017 年第一季度不合格率为 5.0%，第三季度无不合格；2018 年第一季度不合格率为 2.2%，第三季度不合格率为 4.7%，2019 年无不合格（见图 10）。

c. 塑料容器

2015 年第二季度不合格率为 1.2%，第四季度无不合格；2016 年第二季度不合格率为 7.1%，第四季度不合格率为 1.3%；2017～2019 年无不合格（见图 11）。

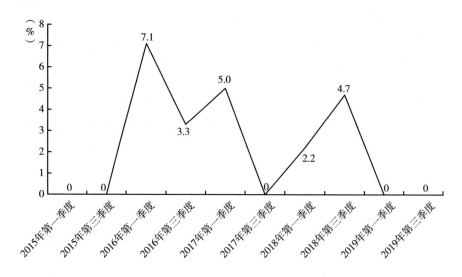

图10　2015～2019年河北省非复合膜袋产品监督抽查不合格率趋势

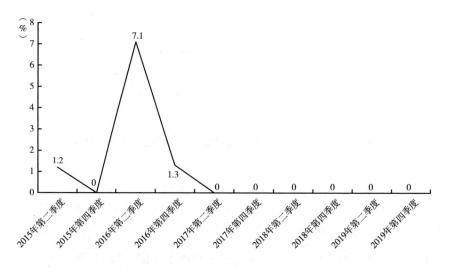

图11　2015～2019年河北省塑料容器产品监督抽查不合格率趋势

d. 塑料工具

2015 年第一季度无不合格，第三季度不合格率为 1.4%；2016 年第一季度不合格率为 3.6%，第三季度无不合格；2017 年、2018 年无不合格；2019 年第一季度不合格率为 3.1%，第三季度无不合格（见图12）。

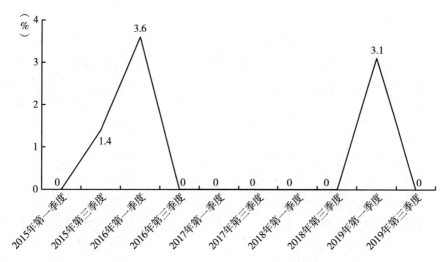

图 12　2015～2019 年河北省塑料工具产品监督抽查不合格率趋势

e. 纸制品

2015 年第二季度不合格率为 9.3%，第四季度不合格率为 2.4%；2016 年第二季度无不合格，第四季度不合格率为 3.4%；2017 年第二季度不合格率为 5.0%，第四季度无不合格；2018 年、2019 年无不合格（见图13）。

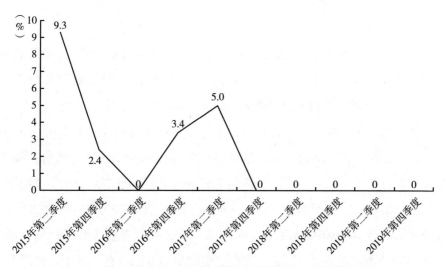

图 13　2015～2019 年河北省纸制品产品监督抽查不合格率趋势

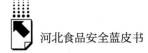

f. 餐具洗涤剂

2015 年无不合格；2016 年第二季度无不合格，第四季度不合格率为33.3%；2017 年、2018 年无不合格；2019 年第二季度不合格率为14.3%，第四季度无不合格（见图 14）。

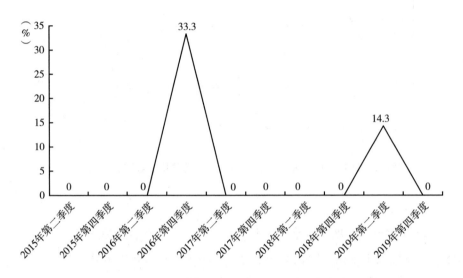

图14 2015～2019 年河北省餐具洗涤剂产品监督抽查不合格率趋势

g. 编织袋

2015 年、2016 年无不合格；2017 年第二季度无不合格，第四季度不合格率为13.3%；2018 年第二季度不合格率为33.3%，第四季度不合格率为7.1%；2019 年第二季度不合格率为10.5%，第四季度无不合格（见图15）。

从连续五年抽检结果可以看出，整体合格率波动较小，且 2015～2019 年河北省食品相关产品监督抽查总体合格率都在96% 以上，全省食品相关产品质量良好。从每类产品的合格率走势看，复合膜袋产品 2015～2019 年都有不合格产品，属于高风险产品；非复合膜袋产品在 2015 年至 2018 年产品质量波动较大，2019 年无不合格产品，产品质量有较大提升；纸制品、塑料容器两类产品在 2017 年以后合格率稳步提升，没有出现不合格产品；编织袋产品 2018 年、2019 年不合格率波动较大；餐具洗涤剂在 2019 年出

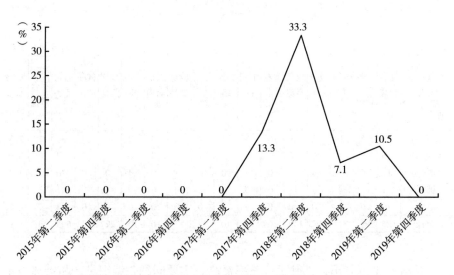

图15　2015～2019 年河北省编织袋产品监督抽查不合格率趋势

现了不合格产品，需重点关注。

塑料片材、玻璃制品、日用陶瓷、金属罐四类产品在历年省级监督抽查中未出现过不合格，质量状况良好。

（2）地区情况比对

2019 年河北省各市食品相关产品监督抽查不合格情况如表4 所示。

表4　2019 年河北省各市食品相关产品监督抽查总体情况

单位：批次，%

抽查 项目 地区	复合 膜袋	非 复合 膜袋	编织 袋	塑料 工具	塑料 容器	塑料 片材	纸制 品	金属 罐	餐具 洗涤 剂	玻璃 制品	安抚 奶嘴	竹木 筷	日用 陶瓷	电热 食品 加工 设备	监督抽查结果		
															监督 抽查 批次	实物 不合 格批 次	实物 不合 格率
石家庄	7	9	4	8	25	0	5	2	16	0	10	1	1	3	91	2	2.2
沧州	29	21	0	21	28	3	12	0	0	9	0	0	0	1	124	2	1.6
保定	21	22	0	10	7	0	14	0	0	0	0	0	0	0	74	0	0.0
衡水	16	18	3	28	9	7	6	0	0	0	1	0	0	1	90	1	1.1
廊坊	6	7	0	19	12	6	16	1	0	0	0	5	0	1	73	1	1.4
唐山	3	4	5	0	29	0	2	0	5	0	0	0	20	0	68	0	0.0
承德	3	0	0	1	3	0	0	0	0	0	0	0	0	0	7	0	0.0

续表

抽查项目\地区	复合膜袋	非复合膜袋	编织袋	塑料工具	塑料容器	塑料片材	纸制品	金属罐	餐具洗涤剂	玻璃制品	安抚奶嘴	竹木筷	日用陶瓷	电热食品加工设备	监督抽查批次	实物不合格批次	实物不合格率
秦皇岛	14	2	0	1	8	0	3	3	4	1	0	0	0	0	36	1	2.8
张家口	5	0	0	2	8	0	1	0	4	0	0	0	0	0	17	0	0.0
邢台	17	9	5	14	7	0	13	0	0	1	0	4	0	0	70	3	4.3
邯郸	1	1	14	3	13	0	3	0	2	3	0	0	0	1	41	3	7.3
辛集	0	0	3	0	0	0	0	0	0	0	0	0	0	0	4	0	0.0
合计	122	93	34	107	149	16	76	10	29	12	10	10	22	5	695	13	1.9

从表4中可看出，邯郸不合格率最高，主要问题是编织袋产品剥离力不合格；石家庄、邢台、沧州、衡水、秦皇岛、廊坊地区也有不合格产品零星分布。

（3）监督抽查不合格企业规模分析

2019年监督抽查不合格企业有13家，均为小微型企业。从企业规模来看，小微型企业产品质量问题较多，由于小微型企业规模较小，过程控制投入不足或质量意识不够，容易出现不合格产品；与往年相比，2019年复合膜袋产品不合格率有所上升。应督促企业及时进行质量控制过程的自查，及时整改。

4. 问题分析

（1）复合膜袋产品剥离力

此次抽查有6批次复合膜袋产品中剥离力不合格，造成复合膜袋剥离力不合格原因有以下几点。

一是原材料薄膜的润湿张力不够，造成胶黏剂流平性差，不能完全铺展在薄膜上，达不到预期黏合强度导致剥离力下降；二是胶黏剂对油墨的渗透不好造成油墨被胶黏剂从薄膜上粘下来，导致剥离力不合格，多发生在套印多的部位；三是由于上胶设备问题或胶辊网眼堵塞造成胶黏剂涂布量不足导致剥离力下降；四是部分企业使用无溶剂复合代替干法复合，企业为降低成本，减少了上胶量，导致剥离强度下降。

（2）复合膜袋产品苯类溶剂残留量

此次抽查有1批次复合膜袋产品中苯类溶剂残留量不合格。造成苯类溶剂残留量不合格原因可能有以下几个。

一是企业生产车间曾经使用或放置过含有苯类的溶剂、容器等，挥发在空气中造成污染；二是企业使用的油墨、胶黏剂、稀释溶剂等原材料含有微量的苯类溶剂。

（3）复合膜袋氧气透过量

此次抽查有1批次复合膜袋产品中氧气透过量不合格。造成复合膜袋氧气透过量不合格原因有以下几个。

第一，相同材质、不同厚度的复合膜，其透氧量不同。复合膜袋产品的厚度越厚，氧气透过量越小，阻隔性能越好。而增加厚度成本也会增加，因此在满足标准、客户要求的同时，应尽量降低厚度，这样即可降低成本，也能达到节能减排的目的。但从生产厂家方面来说，为了降低运营成本，人为降低复合膜袋产品厚度，容易导致阻隔性不达标，造成氧气透过量不合格。

第二，设备和环境的卫生条件也会影响复合膜的阻隔性，设备的风道和进风过滤网应定期清洁，在净化环境下生产的复合膜其外观比较平滑，在非净化条件下生产的复合膜常有污点和针眼，有污点和针眼的复合膜阻隔性就会明显降低，从而容易导致氧气透过量不合格。

（4）编织袋产品剥离力

此次抽查有2批次塑料编织袋产品剥离力不合格。造成塑料编织袋产品剥离力不合格原因可能有以下几个。

一是生产过程中环境条件控制不严格。在生产过程中环境条件如温度、湿度等对复合编织袋生产工艺会产生影响，如果控制不当会造成不良影响。二是出厂检验工作不到位。企业未进行出厂检验，或出厂检验不全面，未对剥离力指标开展出厂检测。三是储存条件控制不当。编织袋产品在储存过程中，温度、湿度等条件都会对编织袋质量产生影响，并且随着储存时间的延

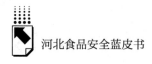

长，产品容易发生老化现象。

（5）餐具洗涤剂产品总活性物质

此次抽查有 2 批次餐具洗涤剂产品中总活性物质不合格。造成餐具洗涤剂产品中总活性物质不合格的主要原因是厂家在生产过程中为了降低成本，偷工减料，有意识地减少表面活性剂添加量，从而导致了最终产品的总活性物质不符合相关标准要求。

（6）塑料工具产品（密胺餐具）三聚氰胺迁移量

此次抽查有 1 批次塑料工具产品（密胺餐具）三聚氰胺迁移量不合格。

密胺餐具是由密胺粉加热加压而成，密胺粉学名三聚氰胺甲醛树脂，简称"MF"，其单体为甲醛和三聚氰胺，密胺粉分为 A1 料、A3 料、A5 料。有部分不法商家为降低成本、谋取利润，使用 A1 料或者 A3 料（只有 A5 料才是 100%密胺）。目前，市场产品质量参差不齐，主要分为三类：一是纯密胺餐具，产品质量稳定，只有在高温和酸碱条件下才会溶出三聚氰胺和甲醛单体。二是密胺树脂和脲醛树脂共混餐具。由于脲醛树脂原料成本较低，市场上存在用脲醛树脂和密胺树脂共混后生产的餐具，脲醛树脂由尿素和甲醛缩聚而成，在高温条件下极容易析出甲醛等有害物质。尽管脲醛树脂不存在三聚氰胺的迁出，但是由于其尿素与甲醛的聚合程度比密胺低，导致甲醛以及其表面密胺中三聚氰胺的迁出风险大增。三是表面有密胺涂层的脲醛树脂餐具。部分生产厂家为了保证密胺餐具的色泽度及安全性，会在餐具表面热附一层密胺涂层，但是在高温条件下质量较差的餐具涂层会出现脱落现象。密胺涂层的样品在低温条件下迁移量和纯密胺样品类似，但经过高温长时间浸泡后发现样品的密胺涂层发生脱落，且样品高温长时间浸泡条件下的三聚氰胺迁移量也高于纯密胺样品。

（二）风险监测情况

1. 抽样情况

2019 年河北省计划开展食品相关产品风险监测 540 批次，实际抽取了 549 批次样品，完成率为 101.7%。

2019年风险监测涉及复合膜袋、非复合膜袋、塑料工具、编织袋、包装容器（瓶、桶、盖）、纸制品和餐具洗涤剂7种产品15个项目。抽样培训、抽样单填写、样品封存、现场取证、样品运输、标准检验、方法论证、检测限值、实验程序等方面符合《产品质量国家监督抽查承检工作规范》要求，数据合法有效。

2. 数据统计

2019年风险检测549批次样品，10批次样品检出问题，检出率为1.8%。检出情况如表5所示。

表5　2019年河北省食品相关产品风险监测检出问题情况

单位：批次，%

检出＼产品	复合膜袋	非复合膜袋	编织袋	塑料工具	塑料容器	纸制品	餐具洗涤剂	合计
检测批次	121	92	32	81	129	72	22	549
检出批次	2	1	2	0	0	3	2	10
检出率	1.7	1.1	6.3	0.0	0.0	4.2	9.1	1.8

主要检出问题项目：复合膜袋检出苯类溶剂残留和溶剂残留总量；塑料编织袋检出荧光性物质；非复合膜袋检出苯类溶剂残留；纸制品检出苯类溶剂残留和溶剂残留总量；餐具洗涤剂检出邻苯二甲酸二（2－乙基）己酯（DEHP）。

3. 数据比对

（1）2015～2019年数据比对

a. 纸制品

2015年检出率为89.4%，2016年检出率为30.0%，2017年检出率为51.6%，2018年检出率为0，2019年检出率为4.2%（见图16）。

b. 非复合膜袋产品

2015年检出率为14.1%，2016年检出率为1.9%，2017年检出率为8.2%，2018年检出率为9.6%，2019年检出率为1.1%（见图17）。

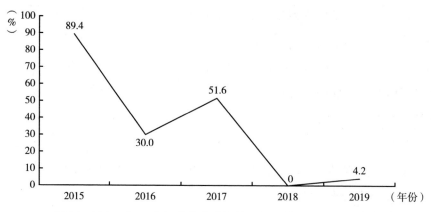

图16　2015～2019年河北省食品相关纸制品产品风险监测趋势

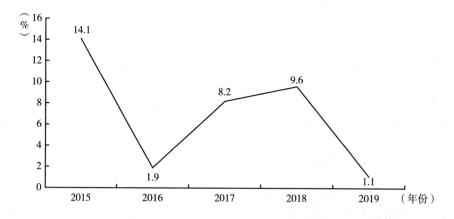

图17　2015～2019年河北省食品相关非复合膜袋产品风险监测趋势

c. 复合膜袋产品

2015年检出率为2.3%，2016年检出率为5.0%，2017年检出率为5.9%，2018年检出率为5.8%，2019年检出率为1.7%（见图18）。

d. 编织袋产品

2015年检出率为35.3%，2016年检出率为33.3%，2017年检出率为35.0%，2018年检出率为25.0%，2019年检出率为6.2%（见图19）。

从连续五年检出结果可以看出，复合膜袋产品检出率2019年有所下降；纸制品和非复合膜袋产品检出率呈波动状态，整体呈下降趋势；编织袋产品

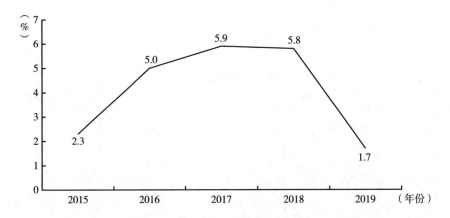

图18　2015～2019年河北省食品相关复合膜袋产品风险监测趋势

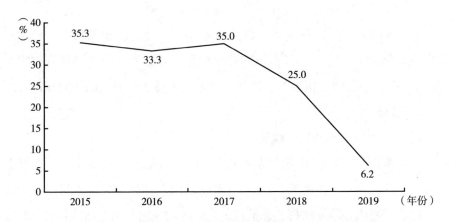

图19　2015～2019年河北省食品相关编织袋产品风险监测趋势

检出率呈下降趋势；餐具洗涤剂2019年共计检测22批次，4批次检出二噁烷，数值均小于5mg/kg（参考国家食药监总局在2012年发布的《关于化妆品中二噁烷限量值的公告》化妆品中二噁烷限量值暂定为不超过30mg/kg），按符合要求报出；3批次检出邻苯二甲酸二（2－乙基）己酯（DEHP），其中2批次数值分别为802.3mg/kg、417.3mg/kg，按问题样品报出；其余邻苯二甲酸酯未检出，按符合要求报出。

塑料容器和塑料工具两类产品风险项目都未检出，产品质量较稳定。

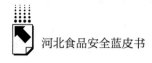

（2）地区情况比对

2019年河北省各市食品相关产品风险监测检出问题情况如表6所示。

表6 各市检出情况

单位：批次，%

监测地区	保定	沧州	邯郸	张家口	辛集	承德	石家庄	邢台	衡水	廊坊	秦皇岛	唐山	总计
监测批次	62	110	38	16	4	2	65	63	67	47	29	46	549
检出批次	0	2	1	0	0	0	1	1	0	2	2	1	10
检出率	0.0	1.8	2.6	0.0	0.0	0.0	1.5	1.6	0.0	4.3	6.9	2.2	1.8

由表6可知，2019年全省风险监测秦皇岛、廊坊检出率较高，检出率分别为6.9%和4.3%。秦皇岛风险检出项目主要为餐具洗涤剂邻苯二甲酸二（2–乙基）己酯（DEHP），廊坊风险检出项目为纸制品的溶剂残留量。

4.问题分析

（1）复合膜袋和非复合膜袋

复合膜袋和非复合膜袋产品存在的主要问题是溶剂残留检出（包括总量检出、苯类溶剂检出两项）。苯类溶剂检出问题产生的主要原因是企业在生产过程中使用含苯原辅料；总量检出是企业的工艺控制不当。目前，国家允许溶剂残留总量检出，但是标准要求控制在 $5mg/m^2$ 以内，在生产过程中，熟化温度及熟化时间不够，导致产品溶剂残留总量检出。

（2）编织袋

编织袋产品存在的主要问题是荧光性物质检出。问题产生的主要原因是原材料不合格：一是采购了不合格的编丝，二是在生产编丝过程中的聚丙烯原料粉末中含有荧光增白剂。

（3）纸制品（纸包装）

纸包装产品主要检出项目溶剂残留。溶剂残留包括溶剂残留总量及苯类溶剂残留量两项。影响溶剂残留量超标的原因较多，其中主要受基材、油墨、干燥设施等的影响。苯类溶剂残留超标原因：一是原辅料中带入的，包括原纸、油墨等含有微量的苯类物质；二是生产车间曾经存放过或使用过含苯类溶剂的物品，由于苯类溶剂的沸点高，不容易挥发，长期存在于车间空气中，在生产中会侵入到产品中，导致检出苯类。

（4）餐具洗涤剂

餐具洗涤剂产品存在的主要问题是检出邻苯二甲酸二（2－乙基）已酯（DEHP）。问题产生的主要原因：一是采购的包装容器中含有 DEHP，二是餐具洗涤剂配方中的某些原料中含有 DEHP。

五　全省食品相关产品整体质量反映状况

（一）质量状况分析

从监督抽查结果来看，2015～2019 年监督抽查合格率波动不大，均在96％以上，这反映出河北省食品相关产品的质量状况整体较稳定。

从风险监测结果来看，河北省塑料容器和塑料工具检出率为零，这两类产品质量状况良好，风险性较小；餐具洗涤剂、纸制品和编织袋的风险项目检出率普遍较高，相关企业应根据自身问题及时整改，降低产品风险性；复合膜袋和非复合膜袋有风险项目检出，但检出量大都符合相应产品标准，相关企业应注意把控，避免风险项目的超标。

从抽查范围来看，2019 年监督抽查几乎覆盖到了全部企业，除了由于环保因素或市场原因等被迫停产的企业未能抽取到样品外，其余企业均抽到样品，覆盖率比往年高。

（二）存在的质量风险点

1. 标签标识存在风险

GB 4806 系列新标准的实施，不仅对产品质量要求更高，而且首次对标签标识进行了更为严格的强制性要求。GB 4806.1-2016《食品安全国家标准 食品接触材料及制品通用安全要求》于 2017 年 10 月 19 日开始实施，首次规定符合性声明要求标注出受限物质及其限量、非有意添加物的评估信息和对总迁移量的符合性测试情况等。这意味着企业必须非常明确其产品组成（包括其中非有意添加物的存在情况），并具备相应的风险评估能力。从 2019 年的监督抽查情况来看，企业的标识整改状况已经有了较大的改善，85% 以上的企业按照要求制作了符合性声明，但是大部分企业对符合性声明的意义、内容并不理解，只是纯粹为了应付检查，找个别人家的模板进行修改，而具体的内容是否适用于自己的产品并不关心，风险较大。

2. 企业质量保证能力风险

从近年来的入企调研及监督抽查情况看，规模大的企业从业人员多，学历高，部门设置全，分工明确，控制质量较好，而相当一部分小微型企业人员少，学历低，质量意识薄弱，质量控制手段较弱，不能够完全按照要求对原辅料、生产过程、不合格品、相关记录等进行控制，这类企业的出厂检验设备只是摆设，长期不使用导致设备生锈、失灵，完全不能开展检测，或者把实验室挪作他用等情况时有发生。

另外，由于食品相关产品行业入职门槛低，企业员工文化水平以小学、中学毕业为主，综合素质偏低，学习能力差，对制度、规范的理解不够，质量意识淡薄，培训效果很小，沟通较困难。

3. 企业逐利带来风险

少数企业为追逐利益，在实际生产中掺入价格低、质量差、无标识的原材料甚至是回收料进行生产，为降低成本不重视质量安全，造成生产出不合格产品，给消费者带来不安全的风险隐患。

六 下一步监管措施

1. 加强培训

一是加强对监管人员的培训，对标准、法律等开展专项培训；二是加强对企业管理负责人培训，强化质量安全意识，提升质量管理水平；三是加强对企业技术人员的培训，改进生产工艺，鼓励企业制定高于国家标准的企业标准；四是及时宣传贯彻国家最新检验检测规范，提升企业检验能力。

2. 加大获证企业的后期监管力度

应从省、市、县三级加大对获证企业的监管力度，特别是关键点的检查，确保企业保持获证条件，实现全过程监控，真正把许可要求落到实处，生产出合格产品。

3. 强化原辅料入厂检验制度落实

原辅料的质量对成品质量影响至关重要，从检测结果分析来看，主要问题的产生来源于原辅料。建议严格落实原辅料入厂检验制度，加大检查的频次和力度。只有控制源头，把好入厂关，才能保证出厂安全。

同时对于出厂的成品，应按照相应的抽样和检验规范进行出厂检验，从而确保产品的各项指标符合执行标准，把好产品质量的最后一关。

4. 严格控制成品库环境条件

随着存储时间的延长，温度、氧气、光照、通风状况都会对产品质量状况产生一定的影响，在不适宜条件下长时间存放会加快产品的老化，给产品质量带来一定的影响，因此应严格控制成品库房存储环境条件，降低由于长期存储给产品带来不利影响的风险。

B.7
河北省进出口食品质量安全状况
分析及问题对策研究

师文杰　朱金奕　万顺崇　陈茜　李晓龙*

摘　要： 2019 年，石家庄海关深化改革创新，着力构筑新形势下有效
防范化解食品安全风险的体制机制，全年未发生进出口食品
安全问题。本文对进出口肠衣、进口乳品、出口蔬菜等主要
或敏感进出口食品的质量状况进行了分析，对监管工作进行
了探讨，对风险监测情况进行了评估，对存在问题提出了改
进意见和建议。

关键词： 进出口食品　监管工作　产品质量

　　2019 年，石家庄海关进出口食品安全工作按照海关总署和河北省委省
政府的部署，深入贯彻落实总署领导"进出口食品安全一点问题都不能出"
的指示精神，坚持政治统领，深化改革创新，着力构筑新形势下有效防范化
解食品安全风险的体制机制，全年未发生进出口食品安全问题。

一　进出口食品情况

　　2019 年度石家庄关区检验检疫进出口食品 36803 批次、货值 15.69 亿

---

* 师文杰，石家庄海关进出口食品安全处科长；朱金奕，石家庄海关进出口食品安全处科长；
万顺崇，石家庄海关进出口食品安全处科长；陈茜，石家庄海关进出口食品安全处主任科员；
李晓龙，石家庄海关进出口食品安全处副主任科员。

美元，较 2018 年度批次增长 3.01% 、货值减少 5.55% 。其中进口食品化妆品 851 批次、货值 1.94 亿美元，同比批次增长 4.16% 、货值减少 4.11% ；出口食品化妆品 35952 批次、货值 13.75 亿美元，同比批次增长 2.99% 、货值减少 5.75% 。

（一）进口食品情况

2019 年石家庄关区进口食品质量安全状况良好，共检出不合格食品 18 批次，合格率为 97.88% ，其中安全卫生项目不合格 4 批次。进口食品货值居前五位的分别为食用油、原糖及制糖原料、干果、乳制品、动物水产品，具体情况详见表 1 。

表 1　2019 年主要进口食品情况

单位：万美元

序号	产品类别	主要进口品种	批次	货值
1	食用油	食用棕榈油、精炼椰子油、食用调和油、其他加工油脂、初榨葵花籽油	158	7144.07
2	原糖及制糖原料	原糖	30	6888.87
3	干果	核桃(仁)、杏仁、腰果、烤制榛子仁、烤制开心果	99	976.90
4	乳制品	乳粉、黄油	39	902.58
5	动物水产品	冻虾夷贝、冻鳕鱼、冻鲱鱼	159	871.39
6	粮食制品	挂面、方便面、预拌粉、变性淀粉、木薯淀粉	69	794.01
7	动物肉脏杂碎	冻猪肉、冻牛肉、猪肠衣	76	709.35
8	酒类	葡萄酒	88	418.67
9	糖及制品,巧克力及可可制品	白砂糖、糖果、可可粉(液块)、转化糖浆	62	303.10
10	饮料	果蔬汁、茶饮料、饮用水、速溶咖啡、蛋白粉	39	97.63

（二）出口食品情况

2019 年石家庄关区出口食品质量安全状况良好，共检出不合格食品 8

批次，合格率为99.98%，其中安全卫生项目不合格5批次。出口食品货值居前五位的分别为动物水产品、动物肉脏杂碎、罐头、粮食制品、糖及制品（含巧克力及可可制品），具体情况详见表2。

表2　2019年主要出口食品情况

单位：万美元

序号	产品类别	主要进口品种	批次	货值
1	动物水产品	冰鲜(去脏)河豚、冻公鱼、单冻去脏河豚、冻扇贝柱、冻虾夷贝、冻章鱼	1447	18116.82
2	动物肉脏杂碎	冻羊肉、冻鸡肉产品、冷冻鸭、冻牛筋串、干制猪肠衣、盐渍猪肠衣、盐渍绵羊肠衣	1183	16047.44
3	罐头	桃罐头、苹果罐头、软包装板栗罐头、食用菌罐头、番茄酱罐头、袋装调味渍菜、甜玉米罐头	4099	13601.97
4	粮食制品	挂面、方便面、豆制品、红豆馅、粉丝、速冻粮食制品、淀粉、豆类蛋白	4650	13492.01
5	糖及制品(含巧克力及可可制品)	淀粉糖(葡萄糖、麦芽糊精)、糖果	4526	11335.85
6	熟肉制品	冻香肠、冻水煮牛肉筋串、热处理鸡肉	1828	8011.93
7	保鲜蔬菜	保鲜蔬菜	5307	6963.16
8	蔬菜水果制品	冷冻食用菌、炒洋葱、冻煮蔬菜、冷冻水果、冷冻甜玉米、盐渍蔬菜	2872	6634.84
9	水产制品	拌章鱼、冻烤鱼、冻象拔蚌肉、盐渍虾、冻煮虾夷贝、冻煮杂色蛤肉	541	6351.77
10	药材类	中药材	1849	5905.34

（三）主要进出口食品监督管理与质量状况

1.进口乳品

（1）基本情况

2019年度石家庄关区共检验检疫进口乳品39批次、货重2534.42吨、货值902.58万美元，同比分别减少23.53%、33.99%、36.80%。进口产品主要为原产于法国、新西兰、荷兰的乳粉及少量黄油。

（2）质量安全状况

河北省进口乳品主要集中在廊坊、石家庄、秦皇岛，均为生产加工原料，未检出不合格，质量状况良好。

（3）监管情况

①督促进口商严格落实主体责任，对产品质量安全负责。

②落实海关总署开展进口商备案管理，完善乳品进口记录和销售记录，确保进口产品的可追溯性。

③严格执行2019年度国家进口食品安全抽样检验计划，严格实施现场查验、实验室检验，依照检测结果进行合格评定。

（4）存在问题

结合全国2019年度未准入境食品信息，发现在进口乳品安全卫生项目方面存在超范围使用食品添加剂、微生物污染、理化指标不合格等隐患。

（5）工作建议

防范食品添加剂超标及微生物污染的风险。

2.进口食用植物油

（1）基本情况

2019年度石家庄关区检验检疫进口食用植物油158批次、货重10.63万吨、货值7144.07万美元，同比批次、货重分别增加1.28%、7.14%，货值减少9.88%。进口产品主要为原产于印度尼西亚、马来西亚的大宗散装食用棕榈油、其他加工油脂，少部分为原产于奥地利、俄罗斯、英国、厄瓜多尔、德国、菲律宾、乌克兰的食用或初榨菜籽油、食用植物调和油、初榨葵花籽油及大豆油等。

（2）质量安全状况

全省进口大宗散装食用油集中在秦皇岛、廊坊，具体为棕榈硬酯、棕榈液油、精炼棕榈仁硬脂、精炼棕榈仁软脂、食用氢化油、混合精炼植物油脂、分提精炼棕榈仁油、精炼椰子油等，均为生产加工原料，共检出不合格15批次，原因均为数重量短缺，采取对外索赔处置，未发生安全卫生项目不合格情况。

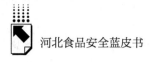

（3）监管情况

食用植物油是河北省重要的大宗进口食品，石家庄海关高度重视进口食用植物油的检验监管，严格执行法律法规及国家标准要求，有效落实各项措施，切实保障其质量安全。

①按照海关总署要求持续推进进口食用植物油境外生产企业自主检查制度，要求进口商严格落实主体责任，督促境外生产企业加强对加工工艺及储运环节的控制，完善自检自控体系，强化源头管理，生产符合我国食品安全国家标准的食用植物油。

②依照我国食品安全国家标准要求，对进口食用植物油严格实施检验监管及合格评定。

③对进口预包装食用植物油严格实施标签检验。

（4）存在问题

①大多数食用植物油进口企业通常采用海上船运方式运输，但在航运过程中，散装食用植物油短重现象较为普遍，给企业造成一定经济损失。

②进口食用植物油存在食品添加剂超标、酸价超标、检出杂质等安全卫生隐患。

（5）工作建议

应防范食品添加剂不合格风险，持续关注进口散装食用植物油短重的现象。

3. 进出口肠衣

（1）基本情况

2019 年，石家庄关区检验检疫进出口肠衣 460 批次、货重 4407.8 吨、货值 9880.29 万美元，同比分别降低 41.92%、58.85%、36.33%。其中出口肠衣 455 批次、货重 4348.0 吨、货值 9858.56 万美元，同比分别降低 17.57%、27.78%和 30.41%；主要出口国家为德国、日本、西班牙、荷兰、巴西和波兰等。进口肠衣 5 批次、货重 59.8 吨、货值 21.73 万美元，同比分别降低 97.92%、98.72%和 98.56%；主要进口国家为西班牙和意大利。按照《海关总署关于最严格措施加强非洲猪瘟全链条防控工作的紧急通知》（署监发〔2018〕251号）文件要求，肠衣产品需在第一进境地指定或认可查验场所进行检疫，不允许转至其他口岸实施检疫。河北辖区进口的肠衣主要由天津入境，进口量大幅降低。

（2）质量状况

进口不合格情况：2019年河北进出口肠衣无不合格。

（3）监管情况

依要求对出口肠衣加工企业实施备案管理，并根据《关于印发进出口肠衣产品检验检疫监管手册的通知》规定，对进境肠衣定点加工企业实施备案管理，对进境肠衣实施许可证审批制；依据e-ciq系统抽批情况对出口肠衣企业实施检验检疫监管。

（4）存在问题

2019年我国大面积发生非洲猪瘟，对河北省进出口猪肠衣贸易影响较大，导致石家庄关区进出口肠衣量显著降低。

（5）工作建议

建议政府部门出台优惠措施，支持保护河北肠衣传统加工工业。

4.进出口水产品

（1）基本情况

河北省贝类、头足类、虾类等水产品的出口量位居全国前列，出口产品主要为速冻产品，另有少量的盐渍、冰鲜产品，出口企业主要集中在秦皇岛、唐山等地。2019年度石家庄关区共检验检疫进出口水产品2157批次、货值2.55亿美元，其中进口水产品169批次、货值965.5万美元，同比批次增长148.5%、货值降低了15.9%，产品主要进口自日本，产品包括冻扇贝、冻鱼、冻煮贝类等；出口水产品1988批次、货值2.45亿美元，同比批次增长了3.17%、货值降低了7.55%，产品主要输往美国、日本、韩国、中国香港等国家或地区，产品包括冻扇贝、冻章鱼、冻河豚、冻虾仁、调味章鱼等。

（2）质量状况

①不合格情况。2019年进出口水产品均未检出不合格，产品整体质量较好。

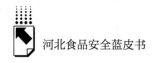

②通报核查情况。2019 年出口水产品共收到国外通报 1 批次，具体为韩国冷冻章鱼被通报品质不合格（注水）。

（3）监管情况

①依据《进出口水产品检验检疫监督管理办法》等文件要求对进出口水产品实施监管，对出口水产品养殖场实施备案管理，强化源头监管，保障产品可追溯性；对进口水产品按要求实施检疫审批，严格审核进口水产品贸易国家或地区准入情况、境外生产加工企业的注册资质情况等。对进出口水产品按照系统抽中情况实施查验送检，对检出的不合格产品，依法采取整改、退运或销毁等措施。

②风险监测情况。2019 年度共对 138 个水产品样品实施监测，产品包括养殖贝、养殖虾、养殖鱼、野生贝以及其他野生水产品等，监测项目主要为水生动物疫病、农兽药、污染物和生物毒素等，检出 1 个养殖鱼样品不合格，不合格项目为恩诺沙星。

（4）存在问题

石家庄关区出口水产加工企业规模和质量安全管理水平参差不齐，部分企业属于中小型粗加工企业，相关人员质量安全意识薄弱，养殖方式存在不规范的情况，增加了用药风险，而加工设施落后，整体环境较差，导致水产品生产加工过程可能存在安全隐患。

（5）工作建议

督导企业强化质量安全意识和主体责任落实，鼓励有条件的企业多元化发展，如增加养殖和加工的水产品种类、改良改进养殖和加工的方法等，在保障产品质量安全的基础上，增强产品市场竞争力，实现良性循环。

5. 进出口畜肉及制品

（1）基本情况

2019 年石家庄关区检验检疫进出口畜肉产品 557 批次、重量 8419.3 吨、货值 5931.56 万美元，同比分别增长 19.27%、32.94%、5.21%。其中出口 489 批次、重量 6757.9 吨、货值 5310.82 万美元，同比分别增长 5.39%、7.98%、－6.01%；进口 68 批次、重量 1661.4 吨、货值 620.74

万美元，2018 年仅进口 3 批次、重量 75 吨、货值 8.1 万美元。

（2）质量状况

2019 年出口羊肉产品检出不合格 1 批次，原因为标签不合格，返工整理后允许出口。全年未发生被境外通报情况。

（3）监管情况

根据工作手册，结合业务系统抽中情况，在企业自检自控合格基础上进行检验检疫，结合风险监测和监督抽检结果进行合格评定；对企业实施风险分类管理，提升企业管理能力，使企业真正发挥主体责任。

（4）工作建议

建立健全出口肉类产品预警体系，及时搜集和更新国外对该类产品标准、检测方法等资料，做好信息沟通与共享。

6. 出口禽肉

（1）基本情况

2019 年，石家庄关区检验检疫出口禽肉产品 1868 批次、重量 21451 吨、货值 7754.2 万美元。批次、重量、金额同比分别减少 11.64%、13.60%、14.84%。无被国外退运或索赔情况发生。

（2）质量状况

2019 年出口禽肉产品无不合格情况发生，没有被国外预警通报的产品。

（3）监管情况

一是按照《进出口肉类产品检验检疫监督管理办法》《熟肉制品卫生标准》（GB2726－2005）等规定对进出口肉类产品及生产加工企业实施监督管理，结合业务系统抽中查验情况以及出口禽肉安全风险监测情况，对出口禽肉进行合格评定。二是督导企业落实主体责任，提升质量安全管理水平，加强自检自控，指导出口企业建立符合标准的禽类饲养场，确保屠宰活禽全部来自备案饲养场，按照《出口禽肉微生物监控计划》实施禽肉产品微生物监测。

（4）存在问题

目前，禽流感等疫情时有暴发，但多数企业及饲养场人员整体素质参差不齐，对疫情的认识不足，防控力度有待进一步加强。

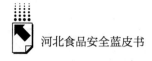

（5）工作建议

建议多部门联合开展对出口禽肉企业专项业务培训和法律法规的宣传，进一步提升企业质量安全意识，强化主体责任落实，使企业管理理念能够紧跟时代步伐，疫情防控能力足以保障产品质量安全。

7. 出口保鲜蔬菜

（1）基本情况

2019 年度石家庄关区共检验检疫出口保鲜蔬菜 5307 批次、重量 8.53 万吨、货值 6963.16 万美元，较 2018 年分别减少 6.20%、10.88%、10.35%。出口产品主要包括白菜、萝卜、生菜、西兰花、菜花、大葱、蒜薹、西芹、食用菌等，产地集中在张家口、唐山、秦皇岛等地区，主要出口中国台湾、日本、韩国、新加坡、美国等国家和地区。

（2）质量状况

2019 年度出口保鲜蔬菜未检出不合格，质量安全状况良好。

（3）监管情况

①严格落实 2019 年度国家出口食品安全抽样检验计划，密切关注农药残留、重金属项目等高风险项目，保障产品质量安全。

②石家庄关区出口保鲜蔬菜全部来自经海关备案的种植基地，对种植基地实施备案审核，从源头加大对农业投入品的监管力度，保障原料质量安全。

③大力提升企业主体责任意识，加大对违法违规企业的惩处力度，对多次因质量安全问题被境外通报的企业，责令限期整改，增强辖区企业的知法懂法守法意识。

（4）存在问题

①普遍存在农药中添加农业部门公布的禁用或限用的农药等"隐形成分"或在低毒农药中掺杂高度农药的情况，给出口保鲜蔬菜带来农残超标等质量安全隐患。

②蔬菜种植多属于中小型企业、农民合作社，从业人员文化程度低，安全意识弱，片面追求利益，一些种植户不考虑用药安全间隔期，遇到货源不

足时，从非备案基地购买产品充数，造成出口产品质量不合格。

③农业投入品经销和管理属农业部门职责，出口备案种植场属海关监管，多部门管理存在信息交流不畅的情况，一旦出现由于农残超标引发的质量安全问题，调查难度高，无法采取有效的管理措施从根本上解决问题。

（5）工作建议

强化出口蔬菜企业主体责任落实，提升其诚信意识、风险意识，推动企业不断提高管理水平；加大与地方政府的沟通协调力度，主动通报出口蔬菜质量安全状况，建立联席工作机制，形成监管合力；开展科学种植方式、科学使用农药的科普宣传。

8. 出口干坚果

（1）基本情况

2019 年度石家庄关区检验检疫干坚果及其制品 1999 批次、重量 3.18 万吨、货值 8808.81 万美元，较 2018 年分别增长 18.99%、32.00%、15.77%。出口产品主要有核桃（仁）、杏仁、板栗、干枣、冻熟栗（仁）、琥珀核桃仁、油炸蚕豆等，产地分布在秦皇岛、唐山、承德、沧州、保定等地区，主要出口中国台湾、日本、韩国、马来西亚、越南等国家或地区。

（2）质量安全状况

2019 年出口干坚果及其制品共检出不合格 2 批次，原因为在苦杏仁中检出微生物毒素超标。

（3）监管情况

①严控原料产地用药情况，关注出口国家或地区的标准，定期开展风险分析，从源头保障产品质量。

②严格执行出口食品安全抽样检验计划，规范实施合格评定。

③加大宣贯力度，提升企业质量安全责任主体意识，对多次因质量安全问题被境外通报的企业，责令其限期整改。

（4）存在问题

①农业投入品施用难以进行有效监管，终端产品农药残留情况严峻。

②干坚果产品尤其是鲜板栗栗实象甲虫检疫风险较高，因其不形成虫

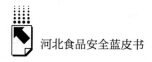

孔，危害隐蔽，在检疫过程中很难检出。

③花生制品中检出黄曲霉毒素的情况依然存在，应引起高度重视。

（5）工作建议

①加强与产区地方政府有关监管部门之间的合作，及时掌握农林部门发布的病虫害疫情，从源头保障质量安全。

②干坚果是河北省优质特色出口产品，建议政府加大帮扶力度，在干坚果产地设立检验检测中心，提升整体检测水平。

③及时向企业通报国外相关产品标准和要求，建立良好的出口秩序，严厉打击掺杂使假、以次充好的违规现象。

9. 出口中药材

（1）基本情况

中药材是河北辖区传统、特色出口农产品之一，其生产加工产业链条完善、产业基础雄厚，中医药历史文化悠久。2019 年石家庄关区出口中药材 1849 批次、货值 5905.34 万美元，同比批次增长了 26.1%、货值降低了 13.7%，产品主要包括黄芪、甘草、人参、桔梗、苍术、大枣、茯苓、防风、地黄等植物源性中药材，以及少量蝉蜕、牡蛎粉等动物源性中药材，主要输往日本、韩国、中国台湾、马来西亚、美国、德国等国家和地区。

（2）质量状况

2019 年石家庄关区出口中药材未检出不合格，产品整体质量较好。

（3）监管情况

严格落实要求，对出口中药材实施检疫监管，帮助出口企业提高产品质量主体责任意识和风险意识，做好对中药材种植源头管理和生产加工过程环节的安全卫生控制。通过日常监管和出口产品抽批检疫相结合的方式，做好产品检疫监管。

（4）存在问题

①体系文件有待进一步完善。《进出境中药材检疫监督管理办法》出台后，为进出口中药材检疫监管提供了强有力的上位法支撑，有较强的指导作用，但配套细则如进境中药材指定存放、加工企业评审要求，出境中药材注

册登记评审程序等尚未制定。

②产品用途申报难认定。目前，出口中药材实行用途申报制，需在贸易合同中注明"药用"或"食用"。在具体操作中，部分出口企业多从通关便利角度进行申报，对货物最终实际用途较难认定。

（5）工作建议

建议出口中药材企业落实主体责任，加强对国外法规和技术标准的关注和收集，着重关注实验室检验项目，开展针对性的自检自控，降低出口退运风险，提高出口产品的附加值，向规模化、现代化发展；鉴于海关对出口中药材仅实施检疫监管，建议加强与食品药品监督管理部门的协调配合，探索建立出口中药材安全监管的联动机制。

二　风险监控状况

2019 年度，石家庄关区共抽取进出口食品化妆品抽样检验计划样品 283 个，集合数 682 个，检验项次数 1961 个，其中出口食品样品数 258 个，集合数 598 个，检验项次数 1718 个；进口食品样品数 25 个，集合数 84 个，检验项次数 243 个。实际完成风险监测计划样品 402 个，100% 完成了国家风险监测计划和补充计划。其中，抽取出口鸡肉、鸭肉、羊肉、肠衣、水产品、禽蛋风险监测样品 387 个，供港蔬菜监测样品 15 个。全省均能按照要求完成抽样、送样、实验室检测，并及时完成数据的审核和上报。

三　本年度采取的监管措施、出台的重要政策和实施的重大行动

（一）推进"多查合一"，促进食品安全业务深度融合

以食品安全监管"多查合一"工作为切入点，进一步加强关区进出口食品安全监管工作，促进石家庄海关出口种养殖场、食品出口生产企业管理

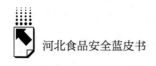
水平提高。2019 年石家庄海关辖区出口食品被国外预警次数较 2018 年减少了 62.5%。

（二）开展食品安全管理体系及准入研究，支持"一带一路"建设

通过开展南亚 7 国食品安全管理体系、法律法规标准研究评估，组织关区力量认真完成了 7 国的评估报告，以此为基础，开展了 6 家巴基斯坦输华大米企业食品安全卫生控制体系的审核工作，为我国与共建"一带一路"国家的经济合作提供了有效的政策支持。

（三）落实保障进口预包装食品标签检验制度改革措施，防范进口食品风险

贯彻总署 70 号公告及《关于做好进口预包装食品标签检验监督管理工作的通知》要求，针对预包装食品进口商和一线查验关员开展了宣贯培训，促进关区实验室做好标签检验能力认证和扩项工作，积极防范进口预包装食品标签检验制度改革工作中可能出现的风险。

（四）紧扣工作重心，强化制度体系建设

严格按照"源头严防、过程严管、风险严控"原则，制定了《2019 年石家庄海关进出口食品安全工作要点》，发布了《石家庄海关深化改革加强进出口食品安全工作实施方案》和《石家庄海关关于进一步加强进出口食品安全监管工作实施方案》，制定了《石家庄海关进出口食品安全突发事件应急处置预案》，对可能出现的突发事件做到及时有效处置，控制事态发展，着力构建关区"统一协调，分段管理，风险防控"的进出口食品安全管理体系。

（五）压紧压实各方责任，落实监管要求

一是按照《海关总署关于严格实施进出口食品安全情况通报压紧压实食品安全责任的通知》要求，制定了《石家庄海关进出口食品安全情况通

报实施细则》，压紧压实进出口食品企业、地方政府和隶属海关各方食品安全责任；二是依托省食安办食品安全风险会商联席会议制度，定期通报关区进出口食品安全总体状况、防控重点，配合地方政府做好食品安全工作。

（六）严格准入要求，规范进境食品检疫审批

通过修订《石家庄海关进境食品检疫审批工作规范》，统一规范了实施进境食品检疫审批的受理、许可证核销等工作权限；在检疫审批系统对 6 家进口肉类收货人进行了注册审核。到年底，共受理进口水产品检疫审批申请 46 批次，出证 42 批次，否决 2 批次；受理肉类产品检疫审批申请 111 批次，出证 20 批次，否决 2 批次。

（七）增强风险意识，着力防范化解安全风险

一是为应对重要大型国际展会中大量出现进口参展食品、进口食品数量和品种不断增多、供应链长以及境外疫病疫情频发等可能产生的重大风险，石家庄海关加大了对食品安全领域重大风险的分析、排查和监控力度。通过风险评估，发现并阻止了辖区某企业试图通过伪报 HS 编码骗取出口退税事情的发生，截获两批次拟进口的未获准入的韩国含动物源性产品，并实施了退运，有效化解了监管风险。二是加强出口企业境外通报信息核查，防范质量安全风险。对辖区企业"出口韩国新鲜洋松茸蘑菇（双孢菇）残留农药超标"和"输台白萝卜残留农药超标"的预警通报及时组织开展核查，认真分析问题原因并监督整改落实，有效防范出口食品质量安全风险。

四　当前工作面临的形势和存在的问题

十八大以来，习近平总书记高度重视食品安全工作，对食品安全工作提出"四个最严"要求，重点强调要加强从"农田到餐桌"全过程食品安全工作，严防、严管、严控食品安全风险，让人民吃得放心。因此，石家庄海关高度重视食品安全工作，做好河北省进出口食品安全的守护者。但是，当

前进出口食品安全工作面临的环境形势依然严峻复杂：一是在以转方式、调结构为核心的经济新常态下，如何积极应对高效率、低成本的要求为进出口食品安全监管工作提出了许多新任务、新课题；二是进口食品越来越多，进口形式不断变换，跨境电子商务、海外代购、网络直销等现代销售模式成为进口食品的重要销售渠道，使得传统监管模式不能满足当下监管工作的需求；三是在完善进出口食品监管体系建设方面存在短板，进出口食品安全风险监测、企业备案注册管理、企业资格认定等源头监管方面尚有不足，海关与市场监管部门之间在监管信息共享方面需加强机制建设。

五 2020年进出口食品安全监管工作整体思路

（一）积极推动改革举措在进出口食品安全监管工作中落实

积极参与和推进"两步申报""两段准入""两轮驱动"等各项改革措施在关区有效落地。进一步研究优化完善准入规则，探索推动提升布控的精准率和科学性，着力提升进出口食品安全监管工作治理效能和治理水平。

（二）继续推进食品标签检验监管模式改革

及时跟进总署改革新要求，推进关区进口预包装食品标签检验改革工作，追踪改革过程中出现的新情况，研究解决出现的新问题。

（三）积极探索关区进出口食品安全监管工作改革创新举措

支持综合保税区、自贸区开展进出口食品监管改革创新，通过科学化、精细化管理，保障食品安全，便利进出口贸易。

（四）完善关区进出口食品安全监管制度体系建设

根据总署《进出口食品安全管理办法》等管理制度修订情况，及时组织制定石家庄海关相关制度。

（五）强化责任落实

一是按照《海关总署关于严格实施进出口食品安全情况通报压紧压实食品安全责任的通知》和《石家庄海关进出口食品安全情况通报实施细则》要求，开展好关区进出口食品安全情况通报工作，督促被通报企业或部门认真履行进出口食品安全责任。二是以发现问题为导向，切实加强对业务一线执行进出口食品安全政策法规、落实监管要求的规范管理，确保各项政策措施及工作要求严格落实到位。

（六）加强风险防控

一是严格落实总署进出口食品安全抽样检验和风险监测工作要求，提升工作的有效性和科学性，有效防范进出口食品安全风险。二是加强对进出口食品不合格信息、境外通报核查信息以及总署发布的风险预警信息等风险信息的收集和发布工作，加强风险研判，及时提出风险防控需求。

（七）提升实验室检测水平

一是推动关区实验室提升检测能力和智能化发展，为进出口食品安全监管提供技术保障。二是继续推动"国家级进出口食品质量安全风险验证评价实验室"建设工作，提升关区实验室权威性。三是协调支持张家口海关做好冬奥会进口食品食源性兴奋剂检测能力认证工作。

（八）提升进出口食品安全专业队伍素质

一是加强业务培训，强化培训成果转化，切实提升履职水平；二是做好加工食品签证官资质管理工作，组织开展关区加工食品签证官的考核和资质认定，保证签证工作质量；三是加强关区进出口食品安全监管工作专家队伍建设，为关区进出口食品安全监管决策提供依据和专业保障。

专题篇

Special Reports

B.8
全方位推进食品安全风险治理现代化

刘　勇*

摘　要： 目前我国仍处于食品安全风险较高的时期，食品安全事件频频发生，已成为当前我国亟须解决的一个现实问题。我国食品安全风险治理体系仍不完善，"反向制度演进"带来监管空白，监管部门面临体制机制障碍，消费者风险认知存在偏差，食品安全科技支撑不足。因此，应构建科学化监管体系，发挥市场的决定性作用，完善食品安全风险沟通，充分发挥科技支撑作用，全方位推进食品安全风险治理现代化。

关键词： 食品安全风险　市场监管　治理现代化

＊ 刘勇，法学博士，河北省社会科学院副研究员。

食品安全举足轻重，既关乎产业，又牵着民心①。食品是最基本的民生需求，是最基础的公共产品，拥有最为广泛的利益相关者。"保障食品安全是建设健康中国、增进人民福祉的重要内容，是以人民为中心发展思想的具体体现。"② 党的十八大以来，新一届中央领导集体高度重视食品安全。习近平总书记多次就食品安全工作作出重要指示，强调"能不能在食品安全上给老百姓一个满意的交代，是对我们执政能力的重大考验"③，甚至将食品安全上升到了事关党的执政资格的政治高度。

一 食品安全风险聚集

改革开放以来，我国食品产业持续快速发展，不断满足民众对吃饱吃好的多层次、差异化、个性化的需求。目前我国仍处于食品安全风险较高的时期，食品安全事件频频发生，已成为当前我国亟须解决的一个现实问题。受"多期叠加"的经济社会发展阶段、"反向演进"的制度变迁路径等结构性因素影响，我国食品安全面临与发达国家截然不同的严峻挑战④。复杂形势决定了当前我国处于多种食品安全问题并存的特殊阶段，要求我们聚焦主要

① 胡颖廉：《改革开放40年中国食品安全监管体制和机构演进》，《中国食品药品监管》2018年第10期，第24页。
② 《"十三五"国家食品安全规划》，《中国医药报》2017年2月22日，第2版。
③ 王宇鹏、赵敬菡、万世成：《习近平的健康观：以人民为中心，以健康为根本》，http：// cpc. people. com. cn/xuexi/n1/2016/0819/c385474 – 28650588. html，访问时间：2020年4月21日。
④ 首先是"产"的落后，生产经营者尚未真正成为食品安全第一责任人。可以说，产业素质不高是我国食品安全基础薄弱的首要原因。其次是"管"的不足，强大产业和强大监管未能互为支撑。在监管资源硬约束下，静态审批替代动态检查成为主要监管手段，难以发现行业"潜规则"。与此同时，统一权威的食品安全监管体制仍需完善，法规标准还要进一步健全，监管队伍特别是专业技术人员短缺，打击食品安全犯罪的专业力量严重不足，监管手段和技术支撑等仍需加强。最后是"本"的制约，即环境本底和社会因素给食品安全带来的影响，风险社会对食品安全产生源头的影响。随着经济社会高速发展，生物污染、化学污染和重金属污染加剧。一些地方工业"三废"违规排放导致农业生产环境污染，农业投入品使用不当、非法添加和制假售假等问题依然存在。参见胡颖廉《食品安全理念与实践演进的中国策》，《改革》2016年第5期，第38页。

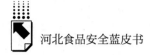

问题。

第一类是恶意违法违规行为。"十三五"时期食品安全违法犯罪易发态势基本不变，2019 年共查处食品违法违规案件 24.6 万余件[①]。同期，河北省市场监管系统共办结各类食品违法违规案件 16047 件。

第二类是经济社会发展带来的风险。现代农牧业和食品工业给人们带来好处的同时，也产生了负面影响，这就是农产品质量安全和食品安全问题。我国耕地面积占世界的 7%，但农业投入品使用多，消耗了世界上 35% 的化肥、20% 的农药。应当说，农药兽药残留和添加剂滥用是当前我国食品安全的最大风险[②]。农业部曾经公布一组数据，蔬菜里高毒农药超标品种主要是豇豆、芹菜、韭菜，污染物是氧乐果等高残留农药。畜产品最突出的是瘦肉精问题。水产品中最突出的是孔雀石绿、硝基呋喃、氯霉素超标，受影响品种主要是鳜鱼、多宝鱼等名贵养殖水产品[③]。研究表明，当今人类许多疾病与我们的食物链整体受污染不无关系[④]，必须从整体治理的视角加以破解。

第三类是新型安全隐患。发达国家食品安全历程表明，随着经济社会发展水平提高，食品新原料、新工艺、新品种层出不穷，新事物的未知性给监管工作带来挑战[⑤]。当前，我国食品销售者异地仓储、跨境电商、网络订餐、食品销售第三方平台等新业态逐步兴起，环境污染向食物迁移，网络餐饮安全等新问题日渐凸显。以 2016 年以来蓬勃发展的跨境电商为例，相对于传统的货物贸易，通过快递等渠道进口的食品一般都未进行检验检疫，在分

---

① 《市场监管总局 2019 年法治政府建设年度报告》，http：//gkml. samr. gov. cn/nsjg/fgs/202003/t20200331_ 313722. html，访问时间：2020 年 5 月 27 日。

② 毕井泉：《用"四个最严"保障食品药品安全》，《行政管理改革》2015 年第 9 期，第 17 ~ 22 页。

③ 中共中央组织部干部教育局编《干部选学大讲堂：中央和国家机关司局级干部选学课程选编（第 4 辑）》，党建读物出版社，2013。

④ 胡颖廉：《"十三五"规划：国家食品安全战略重磅开篇》，《中国医药报》2017 年 2 月 27 日，第 1 版。

⑤ 胡颖廉：《"十三五"规划：国家食品安全战略重磅开篇》，《中国医药报》2017 年 2 月 27 日，第 1 版。

包、运输、投递过程中可能遭遇"二次污染"①。尤其是通过跨境电商购入的奶粉，发生变质的概率较高。面对这些问题，需要用前瞻性思维加以回应。

二 食品安全风险治理体系不完善

为确保食品健康安全，我国在法律法规、监管体制、政策手段等方面做了大量行之有效的工作②，但距离食品安全风险治理现代化的要求和群众期待，仍存在一些差距和不足。

首先，"反向制度演进"带来监管空白。我国与发达国家的制度演进路径刚好相反③。这种"反向制度演进"使监管型国家的步伐超越了市场经济的建设，存在监管职责不清晰、交叉监管和监管空白等问题④。我国食品监管部门从成立之初就肩负起"反向制度演进"带来的多重任务⑤。现在看来，依靠政府部门"单打独斗"的食品安全监管模式是低效的、不可持续的，政府监管仅是市场机制必要的有益的补充和辅助。

其次，监管部门面临体制机制障碍。一是政策目标多元且分散。监管部门不仅要确保人民群众"舌尖上的安全"，还要为食品行业的发展护航。若单纯强调"帮企业办事、促经济发展"，会造成公共利益与私人利益界限模糊不清，给政策制定和执行带来困难。⑥ 二是监管能力系统性薄弱。当前基层食品安全监管基础设施、执法装备、监管手段、检测能力相对落后，与日益繁重的工作任务不适应、不匹配，这种情况在贫困地区尤为突出，

---

① 胡颖廉：《食品安全治理的中国策》，经济科学出版社，2017，第18页。
② 胡颖廉：《食品安全理念与实践演进的中国策》，《改革》2016年第5期，第39页。
③ 我国是在市场尚未发育成熟、司法体系还不健全、行业自律有待加强的情况下，启动了现代政府监管的步伐。参见杨晓红《食品安全治理借鉴与思考》，《中国市场监管研究》2019年第11期，第55页。
④ 杨晓红：《食品安全治理借鉴与思考》，《中国市场监管研究》2019年第11期，第55页。
⑤ 胡颖廉：《国家、市场和社会关系视角下的食品药品监管》，《行政管理改革》2014年第3期，第45~48页。
⑥ 张守文：《建立保障食品安全长效机制的探讨》，《中国食品添加剂》2011年第4期，第49~50页。

造成监管政策没有得到不折不扣的执行落实。[①] 三是政策工具激励和惩戒作用未能得到充分发挥。当前，我国食品安全监管强制手段威慑力有限，政策对企业的正向激励效应尚需加强，[②] 政府对企业承担社会责任的引导有待提高。

再次，消费者风险认知存在偏差。作为重要的市场主体，消费者的风险认知偏差会在客观上夸大对食品安全的担忧。尽管食品质量监督抽查合格率连年上升，但社会对食品安全形势的评价却变化不大且总体较低，公众对食品安全风险认知存在偏差。同时，消费者的食品投诉并未随着主观安全感恶化而显著上升，反而呈现剧烈波动和总体下降的趋势。可见，社会对食品安全存在非理性焦虑心态，而消费者对自身风险和权益漠视，两者形成强烈反差。正是这种对食品安全的矛盾心态，为生产经营者的违法违规行为提供了土壤。当越来越多生产经营者嵌入这种社会环境时，就会出现违法违规是可接受常态，而严格守法是奢侈例外的怪象。与此同时，阶层之间、城乡之间和区域之间的结构性断裂，导致各个部分隔阂，刺激着各种自利性短期行为，长此以往便会出现"互害式"的恶性循环。生产经营者认为只要"问题食品"不带来直接的致命危害，就会得到社会的宽容，因为他们坚信其他人同样在从事违法违规活动，被监管部门查处只是运气不佳。社会心态一旦内化为社会环境，还会对新进入者的行为产生极大影响。这样就解释了一些全球知名食品生产经营商在我国的违法行为，如重庆沃尔玛假冒绿色猪肉事件、北京麦当劳加工出售过期产品事件等。尽管其背后成因复杂，但至少存在通过自降标准的方法来适应宽容违法社会环境的因素。

最后，食品安全科技支撑不足。第一，食品风险监测和评估意识普遍不强。我国食品安全风险监测和评估制度建立时间不长，尚须在实践中不断探索完善。第二，食品安全标准总体有待提高。目前，食品安全标准间依然存

---

① 胡颖廉：《转型期我国药品监管的理论框架和经验观察》，《经济研究参考》2012 年第 31 期。

② 杨晓红：《食品安全治理借鉴与思考》，《中国市场监管研究》2019 年第 11 期，第 55 页。

在交叉、重复、缺失、标龄长等问题。第三,食品检验检测水平亟待提升。我国食品检验机构设置较为分散,无法形成合力,且相当一部分机构检验检测水平较低。第四,食品监管执法队伍技术能力不足。当前基层食品安全监管队伍人员少、装备差、水平低,这一问题中西部地区尤为严重。[①] 以河北为例,经调研摸排,该省36个县(市、区)市场监管部门的基层派出机构食品快速检测设备、执法车辆、执法记录仪等设施设备匮乏且性能落后。执法用车多是垂直管理时配发的,接近或已到报废年限;检验设备多是2006年以前配备,精度和灵敏度较低;食品快检设备虽是原省食品药品监管局于2016年配发的,但囿于财政压力,当下快检试剂供应的保障压力较大。

三 食品安全风险治理现代化的地方探索

推进食品安全风险治理现代化、提高食品安全保障水平,是近年来我国食品安全工作的新亮点。各地在创新工作机制、加大投入保障力度、提升治理能力的同时,更加注重治理理念、主体、方式、环节和手段的转变。[②]

一是激发全民参与食品安全治理的能力和活力,构建食品安全社会共建共治共享新格局。食品安全治理,活力在社会。要最大限度地调动民众参与食品安全治理的积极性、主动性、创造性,建设人人有责、人人尽责、人人享有的食品安全治理共同体。例如,河北实施网格化监管工程,建立县、乡、村级网格,分别达201个、2523个和52626个,5.8万余名协管员在调查摸底、隐患排查、聚餐登记、宣传教育等方面发挥了积极作用。

二是强化企业社会责任,提高食品生产经营者质量管理水平。要实现我

---

① 胡颖廉:《健全食品安全监管的财力保障机制》,《中国财政》2011年第13期,第50页。
② 胡颖廉:《社会管理视野下的我国食品安全》,《中国工商管理研究》2011年第11期,第37页。

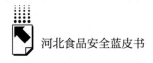
国食品安全形势根本好转，就必须使企业主动承担社会责任与履行法定义务相结合，提高食品生产经营者的自律意识和质量管理水平。例如，河北省工业和信息化厅组织开展了食品质量安全追溯体系建设项目评选，对君乐宝等3家完成项目建设的单位给予资金补贴，河北省奶业振兴也因此取得实实在在的工作成效。

三是利用互联网渠道和大数据，优化食品安全信息收集和发布。一些地区的市场监管部门积极利用网络渠道，组织开发食品安全相关手机 App，或在各大门户网站开设博客，动态掌握和及时发布相关信息。例如，河北推广完善"药安食美"手机 App，开启掌上监督新模式，目前推送信息 2.5 亿条。又如，有的地方市场监管部门官方微博有"粉丝"数十万人，并积极开发微信公众号、头条号等新媒体途径。河北市场监管与教育、商务、住房和城乡建设、农业农村、文化和旅游、交通运输等部门建立健全了校园食品安全、交易市场整治提升、餐厨废弃物处置、病死畜禽无害化处理、旅游景区和高速服务区餐饮监管等协作机制和信息共享机制，部门间协作配合、信息共享得到切实强化。

四是综合运用宣传教育、经济激励等手段，引导食品生产经营者和监管者更加重视食品安全。加强对食品生产经营者和监管者的宣传教育和经济激励，是预防和处置食品安全事件的有效手段。国务院食安委开展的国家食品安全示范城市创建工作，就是调动地方党委政府积极性的很好手段。河北等地强化信息发布，每周公布抽检信息，每月发布质量公告，倒逼企业自律，落实主体责任。

四　全方位推进食品安全风险治理现代化

（一）构建科学化监管体系

当前，我国食品安全监管正逐渐步入新常态。一是工商登记制度改革等简政放权措施产生海量食品生产经营者，基于互联网和现代物流的新业态层出不穷，但监管资源短期内难以跟上监管对象扩张。二是开放经济体导致系统性和全球化风险，国外输入型与本国内生型食品安全问题共生交织，监管手段显得不相适应。三是市场失灵与社会失范同时出现。因此，有必要围绕机构设置、机制设计、工作职责、监管手段等内容构建科学化监管体系。

一是设计精细高效的管理机构和机制。以监管区域划分为核心，兼顾地理、行政区划等因素，全国设 5 个食品安全监管分局。第一分局负责监督指导华北和东北地区，下辖北京、天津、河北、辽宁、内蒙古、吉林、黑龙江，分局宜设在沈阳。重点是协调地区间监管政策，提升食品行业整体素质，维护首都食品安全。第二分局负责监督指导华东和中部地区，下辖江苏、安徽、山东、河南、湖北、湖南等省，分局宜设在武汉。重点是优化农业和食品工业产业结构，指导重大案件执法以打破地方保护，防范食品安全风险溢出。第三分局负责监督指导东南和华南地区，下辖上海、浙江、福建、江西、广东、海南，分局宜设在福州。重点是适应快速工业化和新型城镇化进程，提升防范输入型风险和新型风险的技术水平。第四分局负责监督指导西南地区，广西、重庆、四川、贵州、云南、西藏，分局宜设在成都或贵阳。重点是加强食品安全监管基层力量和基础设施建设，引入市场机制，引导社会共治。第五分局负责监督指导西北地区，下辖山西、陕西、甘肃、青海、宁夏和新疆，分局宜设在西安。重点是加大对监管基础设施建设、管理、养护的投入力度，推动监管实效提升。食品安全监管分局不是一级独立监管部门，而是受国家市场监督管理总局委托履行食品安全行政监督和技术监督职责的派出机构，具有一定独立决策权和执法权。食品安全监管分局实行一正二副领导架构，人员编制 30~40 人。机关内设综合协调、监督检查、研究统计、案件督办等处室，工作人员为公务员编制；下设稽查队和检验检测中心，分别作为执法队伍和技术支撑，工作人员为参公事业编制。分局人、财、物由国家市场监督管理总局统一管理，选派到分局的人员保留总局编制和工资计算方式。实施轮岗制度，选派人员每一轮任期两年左右，一次性获得津贴，以激励工作积极性。

二是科学界定各级政府食品安全监管职责。完善监管体制的前提是科学界定各级政府食品安全监管职责，形成有机衔接的体系。首先，国家市场监督管理总局应强化制定食品安全法律法规、规划、标准等宏观管理职责，负责高风险产品如食品添加剂、婴幼儿配方乳粉、保健食品的上市前审批以及重点类型企业如互联网第三方经营平台的市场准入，监测系统性、行业性风险，同时配以必要的执法权。其次，省级市场监督管理部门负责统筹推进区域内食品安全监管资源均衡布局，行使食品安全执法监督指导、协调跨区域执法和重大案件查处职责，创造公平有序的竞争环境。最后，市县市场监督管理部门根据属地管理原则承担日常监管事项，消除设区的市中市、区两级重复执法。突出专业化监管，解决重点、难点问题，并加强对基层乡镇执法的业务指导，实现基层综合执法与垂直技术支撑的相互补充。

三是综合施策、标本兼治。综合运用法律规范、经济调节、道德约束、心理疏导和舆论引导等多种手段，将食品安全监管工作落到实处。既要加强集中整治，又要抓好日常监管。① 同时，提升食品安全抽检疫覆盖率和制度化水平，提升监管靶向性。最后，监督主体外移。充分发挥食品行业协会、公众、媒体的作用，实现从政府专业监管向政府、市场与社会"共治"大格局的转变。②

（二）发挥市场的决定性作用

习近平总书记在 2013 年中央农村工作会议上强调，食品安全首先是"产"出来的，也是"管"出来的。这就告诉我们食品安全风险治理不能单靠政府监管，③ 必须提升产业素质，引导社会共治，实现产业发展与质量安全兼容。一方面充分发挥监管政策的约束作用，另一方面发挥好产业政策的激励作用。供给侧结构性改革要求食品行业全面提升质量，增加有效供给，

---

① 《"十三五"国家食品安全规划》。
② 胡颖廉：《食品安全治理的中国策》，经济科学出版社，2017，第 123～125 页。
③ 胡颖廉：《食品安全治理现代化迈出重要一步》，《经济日报》2014 年 5 月 28 日，第 9 版。

保障人民群众饮食安全①。

在市场机制方面，尤其要处理好简政放权和加强监管的关系。② 市场活力应适度，活力不足会导致生产力水平低下，无法满足消费者多元化需求，也不利于保障食品质量安全；③ 活力过了头，资本的逐利性就会被无限激发，④ 带来过度竞争甚至以价格杀跌为主要特征的恶性竞争，最终使假冒伪劣产品横行。

（三）完善食品安全风险沟通

可以预见，未来我国还将出现各类食品安全突发事件，必须完善食品安全风险沟通机制。⑤ 我们从基础工作、基层监管和长效机制三个方面⑥，提出政策建议。

一是开展食品安全风险分类研究和知识科普工作。消费者是食品安全的最后"守门员"，必须加大食品安全风险知识科普力度。一方面，广泛普及食品安全基本知识和相关法律政策，并对食品安全标准制定修订、食品抽检结果发布答疑解惑。除发挥科研院所专家的主体作用外，还要注重引入第三

---

① 胡颖廉：《食品安全治理现代化迈出重要一步》，《经济日报》2014 年 5 月 28 日，第 9 版。
② 在政府和市场关系这个政治经济学的核心理论命题中，政府管理和市场机制从来都是激发经济活力的基本要素，须臾不可分。一般来说，现代政府的基本职能包括经济调节、市场监管、社会治理、公共服务和环境保护，其核心是为各类经济主体提供良好的制度环境，让市场机制在资源配置中更好地发挥作用。这其中，经济调节旨在熨平经济周期和防止价格剧烈波动，市场监管致力于打造一个法治、公平、有序的竞争"软环境"，社会治理、公共服务和环境保护则用来解决激烈市场竞争可能带来的社会矛盾和贫富差距等问题。参见胡颖廉《食药监管不能一味简政放权》，http://www.infzm.com/content/98244? depk3e，访问时间 2020 年 5 月 10 日。
③ 胡颖廉：《食药监管不能一味简政放权》，http://www.infzm.com/content/98244? depk3e，访问时间 2020 年 5 月 10 日。
④ ［英］卡尔·波兰尼：《大转型：我们时代的政治与经济起源》，冯钢、刘阳等译，浙江人民出版社，2007。
⑤ 刘鹏：《风险程度与公众认知：食品安全风险沟通机制分类研究》，《国家行政学院学报》2013 年第 3 期，第 97 页。
⑥ 胡颖廉：《认知引导和危害防范：突发食品安全事件风险沟通研究》，《中国应急管理》2014 年第 12 期，第 15～18 页。

方社会组织力量。另一方面，注重食品安全知识科普的实效。实现食品安全知识科普进学校、进社区、进农村、进工矿，强化食品生产经营者尚德守法意识，强化消费者自我保护能力和维权意识，真正在全社会形成对食品安全违法犯罪行为的"零容忍"氛围。

二是科学界定食品安全风险的重点区域、环节和人群。夯实基层食品安全风险沟通工作，防止食品安全在第一线失守。首先，界定重点风险品种；其次，界定脆弱风险群体，提高脆弱风险群体的食品安全意识；最后，界定关键风险区域，加大关键风险区域内食品生产经营行为监管力度。[①]

三是根据食品安全突发事件特点分类做好风险沟通工作。建立食品安全突发事件风险沟通长效机制。各监管部门根据职责分工开展食品安全风险（包括食品、食用农产品、食品包材、饮用水）评估、监测和分析等基础研究，注意整合各部门人才、技术和设备，科学划分食品安全风险类型。首先，建立规范体系，制定食品安全风险沟通操作手册。区分食品安全风险沟通的类型和影响因素，明确工作参与方权责、关键点、任务和程序。其次，协调部门联动，保持食品安全风险沟通内容一致性和完整性。常态下各监管部门根据职责分工做好风险沟通准备工作，食品安全突发事件中用统一口径开展信息交流。最后，拓展信息渠道，实现食品安全风险精准沟通[②]。据了解，目前河北已率先建立起了常态化季度风险防控联席会商机制，定期召开会议，摸排分析、科学研判，综合施策、精准施治，群策群力、群防群控，坚决防范化解重大风险隐患。坚持打早打小打了，尽早发现食品安全风险因素，及时介入和迅速应对，降低食品安全突发事件造成的负面影响[③]。

---

① 胡颖廉：《如何构建食品药品安全教育体系用社会管理理念统筹食品安全工作》，《中国食品药品监管》2011年第10期，第57页。
② 当前民众信息来源和诉求表达渠道日益多样化，通过对互联网、社交媒体、手机终端等新媒体开展信息收集和分析，可以准确掌握民众对食品安全事件的认知情况，进而在舆论形成早期予以及时引导和提供政策建议。参见胡颖廉《认知引导和危害防范：突发食品安全事件风险沟通研究》，《中国应急管理》2014年第12期，第18页。
③ 刘鹏：《风险程度与公众认知：食品安全风险沟通机制分类研究》，《国家行政学院学报》2013年第3期，第97页。

（四）充分发挥科技支撑作用

一是树立食品安全风险治理理念。首先，经常性、滚动性地开展风险排查；其次，开展风险监测，动态掌握食源性疾病、食品污染以及食品中存在的有害因素；再次，开展风险评估，将有限的监管资源集中到风险高发的环节和领域；最后，要抓风险沟通，促使人们理性看待食品安全风险和食品安全事件。[①]

二是完善食品安全标准。首先，要以安全性评估结果为依据制定安全标准，[②] 继续完善农产品标准体系；其次，应完善企业食品安全标准管理制度，健全激励约束体系；最后，及时对食品安全标准落实情况开展评估检查，以总结经验、发现问题、解决问题。

三是整合并优化食品检验检测资源。一方面，提升国家、省两级检验检测水平。另一方面，可采用"建、借、买"相结合的方式分类施策推动县乡基层食品检验检测机构建设[③]。首先，在农业大县和食品工业发达的地区，应新建区域性的检验检测中心。其次，在大部分地区，可以依托原有县级质检所和疾控中心内设新机构，承接食品安全技术工作。最后，在经济欠发达地区，可以通过购买公共服务的方式委托有资质的机构来提供技术支撑。

[①] 胡颖廉：《依靠科技手段保障食品安全》，《学习时报》2011 年 7 月 11 日。

[②] 当前世界各国均高度重视食品安全标准，国际社会食品安全标准的发展方向是标准管理统一化、标准基础科学化、标准形式法典化、标准机构独立化。

[③] 笔者在调研中发现，市县质监部门绝大部分检验检测机构都是在原化学检验设备的基础上增加相应功能，利用化学产品检验人员开展食品检验工作，并未设置专门机构，设备也是共享混用。从这个意义上说，划转质监部门的检验检测资源存在一定难度。与此同时，农业、卫生等部门的技术资源不可能在机构改革中触及。因此需要开动脑筋，跳出固化模式，打造升级版的技术机构。

B.9
关于进一步提升食品安全应急
管理效能的研究与探讨

刘健男　刘琼辉 *

摘　要： 经过近十年来的不懈探索和努力，我国各级政府已基本构建起以"一案三制"（应急预案、体制、法制、机制）为核心的食品安全应急管理体系，并协调处置了一系列棘手的食品安全事件，积累了丰富的经验。本文回顾了食品安全应急管理工作发展历程，剖析了"一案三制"发展现状及存在问题，并从合理选择预案、强化事前风险管理、深化社会共治和改进应急考核评价等方面提出思考和建议，旨在立足现有条件，改进处理问题的方式方法，提升应急管理效能，推动形成"政府主导、部门协作、社会参与，平等、互信、开放、合作、规范处置应急事件"的共治格局。

关键词： 食品安全　应急管理　事故　预案

前　言

我国食品安全应急管理体系建设经历了从无到有、从分散到系统的发展历程，它与经济社会改革发展相生相伴、一脉相承，大致分为4个阶段。

---

* 刘健男，国家市场监督管理总局食品安全协调司副司长；刘琼辉，河北省市场监督管理局一级主任科员。

食品安全应急管理产生前时期（1949～2003年）。新中国成立以后的计划经济时期，我国食品安全工作的主要精力放在保障食品的数量安全上，目的是提供足够的食物满足人们生存和社会发展需要。1978年改革开放至2003年是我国食品行业飞速发展的时期，此阶段食品安全工作主要是卫生标准和相关法律法规的制定和完善，1993年出台的《中华人民共和国农业法》明确了农业行政部门负责农产品质量安全管理工作；1995年出台的《中华人民共和国食品卫生法》规范了食品卫生监管制度，明确了卫生行政部门负责食品卫生监管工作。

食品安全应急管理萌芽时期（2004～2009年）。2004年发布的《国务院关于进一步加强食品安全工作的决定》《关于进一步明确食品安全监管部门职责分工有关问题的通知》，明确了农业、卫生、工商、质监、食品药品监管等部门职责分工，确立了"分段为主、品种为辅"的监管体制，这个时期食品安全监管手段主要依靠事前行政审批。国内暴发"大头娃娃""三聚氰胺"等一系列食品事件促使政府和监管部门逐渐重视应急管理，但此时应急处置还不够规范，人治因素较大，缺乏有效程序规范指导，往往表现为被动式、救火式应急处置。2009年我国颁布实施了《中华人民共和国食品安全法》，食品安全工作重点由事前监管逐步转向日常监管、事前预防和事故应急并重。

食品安全应急管理成长期（2010～2017年）。2010年，国家成立国务院食品安全委员会及其办公室，制定实施了《国家食品安全事故应急预案》，尤其是国务院食品安全办单独设置了应急管理司，负责指导全国食品安全应急体系建设。至此，食品安全应急管理作为专项工作确立下来，并快速向系统化、专业化、规范化方向迈进。2013年，食品安全监管体制改革将食安办、工商、质监、食药部门的食品安全监管职能进行整合，组建了国家食品药品监督管理总局（加挂国务院食品安全办牌子），基本结束了近10年的分段管理体制。改革后，食品药品监管部门强化了应急管理的基础研究，印发了应急体系建设指导意见，逐步构建起以"一案三制"（应急预案、体制、机制、法制）为核心的应急管理体

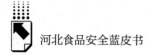
系。食品药品监管部门出台了应急预案管理办法，并定期组织开展应急演练，实施应急管理体系动态调整，有效提升了全国食品安全应急能力和保障水平。

食品安全应急管理巩固提升期（2018年以来）。2018年党和国家机构改革中，将工商、质监、食品药品监管等部门进行整合，新组建了国家市场监督管理总局，负责食品安全应急管理有关工作。结合应急管理体制改革和防范化解重大风险，在充分总结完善原有应急管理经验成果基础上，进一步固化行之有效的做法，提炼升华形成"管长远、夯基础"的长效工作体制机制，将常态化排查整治风险隐患和专业化规范化开展应急处置工作结合起来，"两手抓""两手硬"，应急管理体系和能力现代化迈上一个新的台阶。

结合当前工作，目前我国食品安全应急管理"一案三制"发展状况及问题简要回顾如下。

（一）食品安全事故应急预案

应急预案是为降低事故损失而制定的有关控制事故发展的方法和程序。2011年国家制定实施了《国家食品安全事故应急预案》（2020年版目前正在修订），各级政府也制定了本级食品安全事故应急预案。近年来，作为预案最重要、最基础的体系建设工作要求，按照国家统一部署，各级政府将应急预案演练和修订工作纳入食品安全考评体系，确保了应急体系建设持续改进和发展。综合各地应急演练情况，发现了一些问题和不足，诸如应急演练主题雷同、过程设计简单、重程序轻内容、细节体现和把握不充分、重点难点问题交代不清楚等，都反映出应急预案内容编制和演练实操等方面存在不够深入、具体和细致等问题。尤其是应急预案体系文本普遍缺乏风险识别、风险防控等环节文件，以及与之配套的具体操作指南，导致应急预案操作性不强。目前，各地出台的应急预案基本实现为应对处置食品安全事件提供模式与程序参考的功能，但要想针对不同事件实现高质量分类指导，则仍需进一步挖掘、细化、充实和完善。

（二）食品安全应急管理体制

应急管理体制是为应对食品安全事故建立起来的具有特定功能的组织机构和行政职能，同时也是建立健全食品安全应急管理体系工作的依托和载体。2013 年的食品安全监管体制改革，整体促进了食品安全综合协调能力的提升，原国家食品药品监管总局将食品安全应急管理工作贯穿于食品生产到餐饮服务的食品安全监管始终；在食品药品监管总局内部，明确办公厅（应急管理司）牵头食品安全事故应急处置应对工作。2018 年，市场监管总局组建成立以后，食品安全应急管理工作在探索中稳步前行，分工大致原则是"办公厅总牵头、各司局按监管领域分工负责"。随着食品安全应急管理研究和实践的不断深入，工作理念和方式也随之调整和改变，目前的趋势是，应急管理越来越重视前端的风险管理。国家层面的风险管理和风险交流工作由农业、卫健、市场监管等有关部门共同负责，其中国家卫健委下属的食品安全风险评估中心负责风险评估和风险交流等工作，未来各有关部门加强风险管理合作、共同防控风险是大势所趋。

（三）食品安全应急管理法制

法律法规及有关规定是食品安全应急管理工作的基本遵循。2003 年，国务院制定出台了《突发公共卫生事件应急条例》，将公共卫生突发事件（包括食品安全事故）应急管理纳入法制化轨道。2007 年，国家颁布实施的《突发事件应对法》，正式以法律形式授予政府处置突发事件的权力，并对应急管理职能运行进行规定。2009 年出台的《中华人民共和国食品安全法》进一步规范了食品安全应急管理机制体制，食品安全应急管理正式从法规层面上升到法律层面。2011 年和 2020 年，国家制定及修订《国家食品安全事故应急预案》，明确食品安全应急组织分工及措施保障，有效指导各级政府处置应对食品安全事件。2015 年修订的《中华人民共和国食品安全法》结束了分段监管模式，突出了预防为主、风险管理、全程控制、社会共治的管理理念。2016 年，原国家食品药品监督管理总局发布的《食品生产经营风

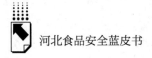

险分级管理办法》规范了食品安全风险的靶向性防控。2019 年，市场监管总局发布的《市场监管突发事件应急管理办法》明确了现阶段食品安全应急管理体制机制。

（四）食品安全应急管理机制

目前，全国各地已普遍建立起"指挥部 + 工作组"模式的应急管理机构，形成"指挥部成员由各相关单位组成，指挥部办公室综合协调，成员单位分工负责"的组织模式和工作机制，确保遇有突发事件能及时应对和处置。但不容忽视的是，在应急机制建设中还存在着风险信息交流不顺畅、事故恢复重视不够等问题，尤其是在暴发食品安全事件后，如何确保公众对事件信息第一时间的知情权，对政府部门应急指挥、协调、评估、处置、信息发布、舆情引导等能力提出了考验。通过近年来政府对食品安全事件的舆情应对表现看，政府部门及企业在信息披露、舆论引导的及时性和有效性等方面，较 2013 年之前有了长足进步，但与公众期望尚有差距，因此，政府部门和企业应继续加强和完善内部协调沟通、信息交流、对外披露等工作机制。

总体而言，通过多年来政府、企业、媒体和社会各界的不懈努力，我国食品安全应急管理体系已经基本建立，为防范应对食品安全风险打下坚实的基础，近年来各级各有关部门持续强化食品安全事前风险管控，推动着食品安全事件数量逐年下降，食品安全形势持续平稳向好。但是，目前各地正面临机构改革和人员变动带来的种种不适，以及新兴业态蓬勃发展背后食品安全监管失位失据等困难，食品安全还存在着不少风险隐患，食品安全应急管理体系尚须进一步完善，不可掉以轻心。本文即根据法律法规及有关规定，立足现有食品安全应急管理体制机制法制框架及工作模式，着眼于提升应急管理能力和决策处置水平，结合应急管理实践和研究，在相对容易切入的几个方面提出笔者的思考和建议，以供交流探讨。

一　准确把握有关概念内涵外延，合理启动相应应急预案

（一）进一步深化对食品安全应急管理相关概念的理解

突发事件：突然发生，造成或者可能造成严重社会危害，需要采取应急处置措施予以应对的自然灾害、事故灾难、公共卫生事件和社会安全事件。（源自《中华人民共和国突发事件应对法》）

突发公共卫生事件：突然发生，造成或者可能造成社会公众健康严重损害的重大传染病疫情、群体性不明原因疾病、重大食物和职业中毒以及其他严重影响公众健康的事件。（源自《突发公共卫生事件应急条例》）

食品安全事故：食源性疾病、食品污染等源于食品，对人体健康有危害或者可能有危害的事故。（源自《中华人民共和国食品安全法》）

食源性疾病：食品中致病因素进入人体引起的感染性、中毒性等疾病，包括食物中毒。（源自《中华人民共和国食品安全法》）包括常见的食物中毒、肠道传染病、人畜共患传染病、寄生虫病以及化学性有毒有害物质所引起的疾病。（源自《中华人民共和国食品安全法释义》）

食品安全突发事件：目前国内外尚没有形成统一的概念。结合2013年原食品药品监管总局《食品药品安全事件防范应对规程（试行）》规定，应包括《中华人民共和国食品安全法》中规定的食品安全事故，以及其他可能造成较大社会影响的食品安全舆情事件。可以简单理解为"食品安全突发事件＝食品安全事故＋食品安全舆情事件"。

（二）厘清食品安全事故与相近事件的关系

一是食品安全事故与突发公共卫生事件的关系，按照《中华人民共和国突发事件应对法》的划分标准，突发事件分为自然灾害、事故灾难、公共卫生事件和社会安全事件四类。从概念范围讲，食品安全事故归属公共卫

生事件的范畴,属于法定的一般和特殊概念关系;从预案级别上看,《国家食品安全事故应急预案》《国家突发公共卫生事件应急预案》均为政府专项预案,级别对等;从适用范围讲,上述两预案有交叉地带,因此,当遇到较复杂的实际情况时,则需要权衡利弊、统筹兼顾,选择适当的应急预案解决紧急问题(后文详述)。二是食品安全事故与农产品质量安全事件的关系。农产品质量安全突发事件是指因食用农产品而造成的人员健康损害或伤亡事件。从概念来讲,农产品质量安全突发事件应归属食品安全事故范畴,但又是相对独立的领域。从预案级别上讲,《农产品质量安全突发事件应急预案》是农业行政部门的部门预案,食品安全事故应急预案是其编制的依据和基础。

(三)选择启动适当的应急预案

1.《国家食品安全事故应急预案》与《国家突发公共卫生事件应急预案》的选择问题

从历史沿革来说,由于编制机构调整,食品安全监管职能是从卫生健康部门职责中调整出来的,食品安全事故应急处置基础工作也是从《国家突发公共卫生事件应急预案》中剥离出来的,交由《国家食品安全事故应急预案》来承担。可以说这两部预案有着千丝万缕的联系,近年来的应对处置实践,发现了一些问题困扰,其中,两部预案选择适用的主要焦点集中在食源性疾病。食源性疾病从是否存在传染性角度来讲,分为传染性食源性疾病(或食源性传染病)和非传染性食源性疾病;从概念和规定上讲,传染病应适用突发公共卫生事件应急预案,按《中华人民共和国食品安全法》关于食源性疾病规定,传染性食源性疾病也在《国家食品安全事故应急预案》的适用范围。怎样选择和启动适当的预案呢?站在政府处置突发事件的角度讲,笔者认为应深刻理解和把握《中华人民共和国食品安全法》立法本意,从专业化、规范化角度去正确选择预案、合理采取措施、积极稳妥处置,传染性食源性疾病事件应优先考虑启动突发公共卫生事件应急预案。主要基于以下考虑:一是从法律适用及职责分工角度考虑,《中华人民共和国传染病防治法》是为预防、控制和消除传染病的发生与流行而制定的,并规定了卫生行政部门的监督管理职责，而《中华人民共和国食品安全法》是为保证食品安全而制定的，其原有立法本意并没有将防范传染性疾病纳入规范调整范畴，并且目前食品安全标准也未将传染病致病因子作为检测项目。二是从预案适用性和针对性角度考虑，《国家突发公共卫生事件应急预案》针对传染病事件（包括传染性食源性疾病）制定了详细的防范处置措施及保障，而《国家食品安全事故应急预案》仅针对一般性的非传染性食源性疾病制定了应急处置的规制措施。

2.《国家食品安全事故应急预案》与《农产品质量安全突发事件应急预案》选择问题

前者是政府专项预案，后者是部门预案。市场监管部门与农业农村部门关于食用农产品质量安全监管的分工是：农业农村部门负责从种植养殖环节到进入批发、零售市场或生产加工企业前的质量安全监督管理；市场监管部门负责食用农产品进入批发、零售市场或生产加工企业后的质量安全监督管理。关于预案适用选择，笔者认为，应当根据事件紧急程度、危害程度和问题食品扩散范围而定。当问题食用农产品未进入批发、零售市场，生产加工企业，或者进入批发、零售市场，生产加工企业后能及时发现，且影响范围在可溯可控的情况下，则以选择启动《农产品质量安全突发事件应急预案》为宜；如果事件严重、问题食品扩散失控，需要上下游多部门协作协查、控制危害，则应选择启动《国家食品安全事故应急预案》。

二 着力加强事前风险管控，降低食品安全事件发生概率

冰山理论对食品安全事故与食品安全风险隐患的关系做了形象表达，露出水面的食品安全事故只是一小部分，而更大部分是潜在水面下的食品安全风险隐患。因此，消除重大食品安全事故，就应把隐患控制住，并消灭在萌芽状态。食品安全治理体系和治理能力现代化的一个重要命题即在于"上医治未病"，通过预防为主、风险管理掌握应急管理的主动权。

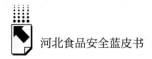

应急管理是风险管理的组成部分，如果我们的应急管理只忙于"东边着火就去救火"，"西边塌房就去救人"，那么这样的风险管理就是低水平低层次的管理。理想的风险管理是，能让东边的火源不失火，西边的房子不坍塌，应急预案用不着启动，最终达到"无急可应"的境界。为此，我们要重视应急处置，更要重视风险源头管控，监管的关口前移，把精力放在预防，最大限度化解食品安全风险隐患，从而最大限度降低食品安全事件的发生概率。

2015年修订的《中华人民共和国食品安全法》将风险管理作为食品安全工作的四大原则之一，风险管理是包括风险监测、评估、交流、监督管理、检验检测、事故查处等防控风险的制度措施，可以说，食品安全工作的本质就是食品安全风险管理，所有的管理措施都围绕发现风险、识别风险、评估风险、控制风险、处置风险的循环展开。虽然我国的风险管理起步较晚，但进步迅速，现已基本建成政府部门、行业、企业、消费者共同参与的风险管理体系。与此同时，我们应清醒地认识到我们的工作还存在一些亟待解决的问题，如风险管理与应急管理衔接不够紧密、风险分析研究有待深化、研究成果转化亟待加快，基于此，笔者提出以下建议。

（一）进一步推动风险管理与应急管理有效衔接

从实质上讲，应急管理是风险管理的一部分，但在实际工作实践中，风险管理精力往往集中在风险监测、监督抽检、不合格产品处置等传统狭窄的领域，对风险交流等工作重视不够；应急管理工作主要聚焦在应急体系建设、事件处置等领域，忽视风险信息运用及事件预防，导致应急工作疲于被动应付。建议进一步加大风险交流工作力度，密切政府部门、行业、企业、消费者之间的联系，互动交流共享风险分析信息，共促风险问题化解治理，培育食品安全信心。此外，要强化监测结果运用，运用风险分析数据和风险评估结论，针对性指导预警预防、事故监测和预案编制等工作，建立科学有效的应急管理体系，提升食品安全应急管理水平。

（二）进一步深化食品安全风险分析研究

中央层面，国家卫生健康委负责食品安全风险评估，农业农村部和市场监管总局负责食用农产品和食品的抽检监测，在实际工作中，三部门应进一步加强抽检监测数据分析研究及通报交流。以市场监管部门为例，食品抽检监测在不合格处置率、不合格原因分析等方面工作扎实，但是在问题食品追根溯源和数据挖掘及研究分析方面还有待加强。2020 年河北省政府食品安全委员会全体会议上，省长、省食安委主任许勤同志提出，食品安全工作只有实现不合格食品能够追溯到具体出产的田间地头，并且通过检验检测、数据分析比对等，找出导致产生不合格的具体因素，才能将食品安全工作做到位。因此，监管部门不能仅仅停留在能够发现并处置不合格食品的水平上，要向更高层次监管水平迈进，强化不合格食品成因路径分析研究，及时追溯识别锁定风险源头，评估评价风险等级，提出防范化解建议。

（三）进一步加强对食源性疾病病例的研究

根据食品安全法规定，国家卫生健康委负责食源性疾病监测，监测发现可能与食品有关的信息通报市场监管、农业农村等有关部门。实践中，当接到卫生健康部门与食品有关的食源性疾病信息通报后，市场监管等部门往往把主要精力集中在事件处置应对上，容易忽视对问题食品致病因子的分析研究。食品安全工作的目的是确保人民群众饮食安全，每起与食品有关的食源性疾病事件都为我们敲响了警钟，食品安全事件的出现往往伴随着监管的层层失守。古人云"菩萨畏因，凡人畏果"，监管部门不应仅仅开展应急处置、善后恢复就匆匆了事，应当强化对问题食品的检验检测，重视检测数据积累，结合监管工作经验并加以分析研究，深挖问题隐患产生的风险因素及诱因，采取针对性治理、引导和预防措施，举一反三，堵住漏洞。此外，在监管工作研究和实践中，注重广泛探索风险管理的有效方法，固化成功经验，打造风险管理模式，用科学的方法提升食品安全保障水平。

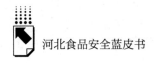
三　营造社会共治浓厚氛围，以开放姿态
妥善处置事件

食品安全突发事件的防范应对是一项综合性、系统性工程，政府监管部门不是处置应对突发事件的唯一主体，如果政府监管部门仅依靠体制内资源处置事件，而忽视与社会各界的交流和沟通，即便事件得到平息，也不会获得社会各界的理解和赞誉。因此，遇到突发事件时，政府部门应秉持开放的心态，创造与社会对话交流的空间，广泛动员社会力量，共同应对危机事件。2015 年，李克强总理在政府工作报告中提出"创新社会治理，促进和谐稳定。妥善应对自然灾害和突发事件，有序化解社会矛盾，建立健全机制，强化源头防范，保障人民生命安全，维护良好的社会秩序"。食品安全应急管理社会共治水平有待进一步提升，主要表现为社会组织参与热情不高、主动性不强，有效参与平台、机制不健全。究其原因：一是长期以来各地政府普遍将应急管理视为自己的活儿，所以力求依靠自身去解决，对社会各界的参与融入重视不够，有的地方政府甚至担心揭露真相会引发社会恐慌，所以选择封锁消息，缺乏真诚、平等、合作、开放和包容的态度；二是社会组织缺少独立自主成长的经历，受历史、观念、体制等方面影响，"事不关己，高高挂起""被动、旁观"思想严重，积极参与、持续协调、争取主动意识不够，社会责任感不强，参与社会活动积极性不高，只是被动应对和机械服从；三是我国长期以来缺少社会组织和公众参与食品安全事件处置的平台渠道和历史传统，政府部门很少寻求社会力量的配合，以致政府部门不知道社会组织能干什么，社会组织也不知道政府部门要干什么、自己该干什么。

值得欣慰的是，各级政府部门在处置突发事件中不断磨炼成长，妥善处置了一系列重大突发公共事件，涌现了许多成功案例，积累了宝贵的经验。尤其是在 2020 年抗击新冠肺炎疫情战斗中，政府部门时时发布更新官方数据，新闻媒体及时报道疫情变化趋势，广泛宣传抗击疫情正能量，营造空前团结的舆论氛围，许多社会公益组织、民间救援组织、志愿者机构、慈善基金会、社会名流、舆论"大V"等社会组织和个人，以不同方式积极参与到疫情防控工作之中，他们有的协助社区进行人员测温、环境消杀和防疫宣传，有的帮助转运防控物资，有的筹集捐赠钱款和设备，有的在海外购买筹集防疫物资，有的无偿运送患者和医护人员，有的围绕舆情大局正面发声，积极引导网民情绪等。总之，社会各界在党和国家正确领导下积极行动起来，为全民抗疫凝聚磅礴力量，为打赢抗击疫情战斗增添了勇气和信心。鉴于此次广泛动员凝聚社会力量对处置突发事件所展示的巨大正面意义，为提升食品安全应急管理水平，我们应积极学习借鉴成功经验，总结范式典型做法，传承弘扬社会共治精神，重视和加强多主体参与的合作机制建设，增强应急管理社会资源储备，为未来妥善处置突发事件提供更坚实的保障。

（一）明确企业主体责任，强化企业应急主体作用发挥

《中华人民共和国食品安全法》规定，食品生产经营者对其生产经营的食品负责，对社会和公众负责，接受社会监督，承担社会责任。企业是食品安全第一责任主体，政府、监管部门、媒体、公众及社会各界机构组织都是外部监督主体；政府及监管部门在近年食品事件处置中饱受诟病，很大程度上缘于食品企业没有切实承担起"第一责任"，社会负面评价都由政府和部门来承受。因此，政府部门应摒弃原来大包大揽的行政习惯，给予企业自主经营空间的同时，明确企业主体责任地位，在发生食品安全事件后，督促企业走向台前，切实承担起食品安全第一责任。在应急管理体系中做企业主体责任落实的制度设计安排，主要基于以下考虑。一是增强企业的社会责任感。企业是以营利为目的的社会经济组织，但食品企业有其特殊性，比如企业产品的时效性与企业本质的逐利性是一对天然的矛盾。当出现过期食品时，企业是以不正当方式出售而获利，还是自掏腰包承担损失，考验着食品企业的良知和社会责任感。要努力引导企业克服追求利润的原始冲动，做能够超越"为股东创造利润""企业利益至上"境界的企业，督促他们平时

为公众提供安全食品，为社会创造经济效益，发生食品安全问题后，能够兑现和履行"以人为本""消费者至上"的庄严承诺，积极协商、帮助和满足受伤害消费者的救治、赔偿等诉求，不计眼前损失，勇于采取停产、下架、召回等措施减轻事件危害，解决好善后问题，这也是实现食品安全善治的根本前提。二是提升企业内部风险管理能力。通过健全企业内部监督管理体系，建立健全安全自查机制，收集外部投诉、质询、建议等意见，实现跟踪管理，及时分析产品质量及服务质量问题，改进提升质量控制、销售市场、法律公关、研发制造风险控制水平；完善危机管理体系，编制企业应急方案，加强问题食品召回和不合格食品处理等环节应急演练，提高突发事件公关能力；明确企业内部责任和追究制度，改事后处理为事前管理，在企业理念上筑牢"食品安全第一"的底线。三是培养敢于直面和解与协作担当的勇气。发生食品安全责任事故时，企业应立即启动快速反应机制，积极配合政府有关部门做好处置工作的同时，重点做好危机公关工作。企业负责人要培养敢于承认错误的勇气和魄力，站在公众和消费者的角度考虑问题，降低事件给公众和社会造成的损失，展开真诚的沟通与道歉，挽回企业受损形象。此外，企业要注重储备各类媒体资源，当出现虚假舆情和不实报道时，能借助媒体力量，及时有效正面回应，以正视听，维护企业正当权益。

（二）引导社会组织专业化建设

各级政府应加大对社会组织、公益组织、志愿者机构等社会力量的培育力度，在制度上保障社会组织的自主性、独立性，给予其必要的活动空间，根据组织属性提供针对性帮助和指导，提升其专业化能力水平。建立社会组织多元化参与突发事件应急处置的协作机制，识别和细化适合社会力量参与的任务项目，鼓励社会力量分专业认领共治事项；与各组织建立常态化联系渠道，建立灵活务实的组织体系和沟通机制，为稳定有序发挥社会组织作用夯实基础。要重视日常沟通磨合，尤其是在开展食品安全应急演练活动时，要有意识地将社会组织吸纳进来，真人真练、熟悉任务、磨合机制，确保遇到突发事件能迅速发挥其专业能力，配合做好人员转移救治、物资运送等具体事务。例如，支持培养民间爱心车队，使之成为食品安全应急管理的重要支援配合力量，注重平时模拟练习，熟练掌握各医疗机构、应急物资仓库等重要节点的位置路线，练就快速、安全、准确的专业保障本领，确保需要时马上能投入一线保障任务中。此外，由于近年来在社会舆情事件中的应对不当，导致"塔西佗陷阱"，不论企业、政府部门、专家发布什么信息，其权威性都大打折扣。对此，可以考虑借助第三方的社会组织，由他们来补充发声：一是社会组织在突发事件中没有利益纠缠，公众会更加信任其发出的信息；二是社会组织参与了事件处置的过程，可以客观地讲述事件处置过程、情况；三是应急事件中，社会各界共克难关的过程能迸发出团结互助的正能量，将这些正能量由社会组织之口传递给公众，有助于正面引导社会舆论。

（三）发挥行业协会功能

行业协会代表行业利益，在政策制定中为行业利益站台，具备行业规范、行业自律、信用背书等功能。政府部门占有的资源和力量是有限的，监管精力也无法覆盖所有的食品生产经营者，鉴于此，应充分借助食品行业协会在行业信息、行业自律等方面的优势，充分发挥其在食品安全诚信体系建设等方面的重要作用，使之成为政府和监管部门的得力助手。此外，食品行业协会不仅为政府部门制定产业政策和发展规划提供决策依据，还可以向监管部门提供多维度的行业信息，帮助监管部门降低食品安全规范治理成本，减少监管盲区，成为食品安全监管和应急管理的参谋团、智囊库。在发生食品安全事件时，应充分发挥行业协会的影响力，将其作为沟通政府、企业、媒体、公众利益的枢纽，号召会员企业积极响应和配合政府部门的应急措施，在行业内消除事件造成的不良影响，整顿和规范行业问题，提供建设性处置建议，并在善后处置工作中发挥积极作用。

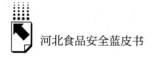

（四）发挥非营利和营利组织作用

引导鼓励非营利（慈善基金会等）组织、营利性（商业保险等）组织积极参与突发事件处置工作。非营利组织在应急处置过程中可提供必要的资源支持和人文关怀，并帮助伤病员获得医疗救治，对冲突发事件导致的负面情绪，柔化应急措施的刚性色彩，加快食品安全突发事件处置的进程。营利性商业保险不但具备保险的经济补偿功能，还可以起到监督企业和维护社会稳定的作用。一是商业保险机构为了尽可能减少保险赔偿，日常通过保险合同约束投保企业合规经营、采取差异化费率管理等措施，督促和激励食品企业降低安全事故发生概率；二是利用市场化手段实现经济补偿，协助政府部门处理事故、化解社会矛盾，有效减轻政府社会管理压力，促进社会稳定和谐。在应急体系建设过程中，要将非营利、营利性组织纳入食品安全应急管理体系建设中，建立以政府为主导的沟通合作、信息共享等机制。突发事件发生后，发挥慈善基金会等非营利组织在应急救助中精细化、差异化、人文化和个性化方面的特长，组织开展募捐、救助和慰问等活动，使受伤害人员感受到社会各界的关注和关爱，确保他们医疗救治及正常生活的基本权益。商业保险公司等营利性组织在突发事件处置中，以医疗费用预付和垫付、开设理赔绿色通道等方式，提供精细化保险服务，在第一时间提供经济和物质上的保障，保证食品安全应急处置和善后工作的顺利进行。

（五）引导消费者理性应对

政府应培养消费者的风险意识和参与意识，鼓励消费者参与食品安全社会监督，积极营造社会共治氛围。提高消费者食品安全维权意识，培养充分沟通表达习惯，当自身权益受到侵犯时，要敢于捍卫个人正当权利，客观理性提出利益诉求，争取协商解决纠纷问题。建立健全社会监督保障机制，消费者相较食品生产经营单位本身处于弱势地位，政府部门理应为消费者提供救济措施，确保消费者及其代表享有参与监督食品安全监管和应急处置的权利。此外，政府部门要加大宣传力度，运用多种方式和途径，广泛宣传食品安全及应急处置知识，提升消费者应急自主救援能力。在发生突发事件时，受伤害的消费者要迅速寻求他人帮助，并拨打医疗机构紧急救援电话，在专业救援未到达时，具备应急知识储备的伤员要积极开展自救和互救，配合政府及有关部门的调查处置工作，提升应急处置效能。

四 创新绩效考核制度，调动应急 处置工作积极性

实际工作中，"死亡人数""中毒人数"等具体数字成为地方政府的高压线，只要突破规定数字这个硬杠杠，不管投入多少精力、狠抓多少工作、取得多大成效，都是徒劳，考核评议都将取得倒数名次。这在一定程度上导致部分地方政府瞒报、少报、缓报突发事件信息的情况发生，以侥幸心理和"鸵鸟心态"期待事件危害不再扩大蔓延。然而，历次安全事件表明，错误政绩观和不合理的考核机制设计都是不可取的。因此，在考核评价食品安全突发事件应对处置工作时，上级政府要从实际出发，研究制定科学有效的政绩考核指标，用系统、严谨的态度审视处置程序合法性，用新发展理念评价处置应对突发事件的效果。在对下级官员进行政绩考核时，应把事件处置的重视程度、决策水平、决策措施、挽回损失等指标，作为"担当作为"正向激励结果纳入考评之中，体现出应急处置工作的价值，合理运用考核手段，引导政府官员积极作为、及时处置、挽回损失，全力维护社会安定和谐和人民群众的身体健康。

当发生食品安全事故后，就如何对下级官员进行考评的问题，笔者认为：第一，评估事件是否为责任事故或人为事故；第二，评估官员是否按照法律法规及有关规定程序积极开展处置；第三，按照奖惩分明、统筹兼顾、公正公平原则，制定双向量化考评细则，对官员在突发事件前后的过失和贡献进行综合考量。

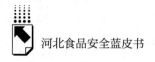

（一）确定事故的性质

根据《中华人民共和国食品安全法释义》（全国人民代表大会常务委员会法制工作委员会编），食品安全事故调查主要任务是查清事故性质和原因，事故性质是指事故是人为事故还是非人为事故，是意外事故还是责任事故；查明事故性质是认定事故责任的基础和前提。如果事故属于非人为事故或者意外事故，则不需要认定事故责任；如果事故属于人为事故或者责任事故，就应当查明哪些人员对事故负有责任。因此，如果采取打分评判绩效的方法，笔者认为非人为事故或者意外事故在预防阶段不扣分；人为事故或者责任事故则在预防阶段扣除过失分数（后文具体分析）。举个真实的例子：Q 市某食品生产企业 Y 公司生产的 5 袋尖椒凤爪，通过销售渠道卖到 Z 市 B 超市，超市履行了进货查验制度且储存条件符合规定，李某购买了尖椒凤爪产品，李某家庭 4 人用餐后全部出现肉毒毒素中毒症状，其中 1 人死亡。通过例子可以看出，按照应急管理有关规定，该事件应定为"较大食品安全事故"，但是对于问题食品流入地 Z 市来讲，在监管部门和市场主体充分履职尽责基础上，理应评估为"非人为事故或者意外事故"，不应在经营环节追究责任，相关考评建议不予扣分。

（二）评价事故应急处置工作

在事故发生后，主要开展信息报告、医疗救援、检验检测、事件调查、信息发布、维护稳定、善后处置、事件总结等工作事项。在处置过程中，如果工作要素齐全、程序合法、处置得当、措施有力、成效明显，那么在应急处置阶段考评应得到相应的正分数（下面具体分析）。但是，"非人为事故或者意外事故"的处置工作总体综合考评不得为正分，其在预防阶段考评不扣分，如果在应急处置阶段处置得当、没有造成衍生伤害、没有产生后续不良影响则不扣分；如果应急处置决策失误、措施不力、造成不良影响，则根据情形按规则扣分（见表1）。

（三）合理制定功过规则，并综合评价

在防范阶段，合理划分官员的过失事项，扣除相应的过错分值；在应急处置阶段，合理划分官员的处置工作事项，给予相应的奖励分值。过失为负分，奖励分为正分，分别赋予 A 和（1 – A）权重。在积分过程中，原则是总积分不能超过 0 分，食品安全事故是具有负面效应的，不能因为应急处置得当总体评价变成正分，否则不能起到惩前毖后的效果。积分制如果运用得好，那么将产生积极的效果，比如当食品安全事故发生时，如能按规则及时有效开展应急处置，可以挽回部分失分，那么就能激励官员在应急处置阶段发挥主观能动性。负分与正分的权重力求科学合理，但总分不能大于 0。至于 A 取值，要根据多年干部绩效考核评估经验，统筹考虑基础分值（负分）在总分中所占比重，考虑管理学、社会学、心理学、传播学等多领域专家意见建议，并广泛征求组织人事部门、食品管理相关部门、基层单位、院校、企业的意见后最终确定，并在实践中持续改进完善。随着经济社会发展，A 权重取值在时间纵向上是不断变化的，同时各地发展形势、发展水平、时间阶段、条件资源、不同地域等方面存在差异，A 权重取值在各地也是不同的。例如，某市（设区市）发生一起较大食品安全事故，经调查确认为责任事故或人为事故，该市考核失分权重为 0.55，奖励分权重为 0.45，食品安全事故考核项基础分为 – 10 分，假设食品安全事故得到妥善处置，那么该项最可观的结果是 – 1.82 分，如表 1 所示。

表 1　食品安全事故考核项（ – 10 分）

| 食品安全事故定性 | 过失分 – 10 分（权重 0.55） | | 奖励分 8.18 分（权重 0.45） | | | 得分 |
	扣分事项	分数	处置工作措施	满分	得分	
责 任 事 故（人为事故）	发生较大食品安全事故（责任事故），每起扣 10 分。	– 10	及时报告事故信息	2	2	– 1.82
			积极救治伤员	2.18	2.18	
			迅速调查事件原因	2	2	
			妥善开展善后处置	2	2	

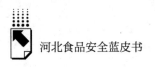
续表

食品安全事故定性	过失分 –10 分（权重 0.55）		奖励分 8.18 分（权重 0.45）			得分
	扣分事项	分数	处置工作措施	满分	得分	
非责任事故（意外事故）	非责任事故不扣分。	0	及时报告事故信息	2	2	–0.18（举例，虽然是非责任事故不扣过失分，如果救治伤员等应急工作不到位，则扣除相应分数）
			积极救治伤员	2.18	2	
			迅速调查事件原因	2	2	
			妥善开展善后处置	2	2	

结　语

党的十八届三中全会《中共中央关于全面深化改革若干重大问题的决定》提出，全面深化改革的总目标是完善和发展中国特色社会主义制度，推进国家治理体系和治理能力现代化。食品安全关系着人民群众身体健康和千家万户的福祉，可以说食品安全问题既是民生问题，也是关乎政治的重大问题，作为国家治理体系重要组成部分的食品安全风险治理体系，其改革发展进程和效能发挥广受各界关注。2018 年 3 月启动的食品安全体制改革，整合相关部门的职能，组建市场监督管理部门，全国上下形成了相对统一的大市场制的政府食品安全风险监管格局。随着社会经济的发展，市场监管部门将不断面临着改革发展道路上的新情况和新问题，我们的监管策略和监管方式也应根据实际情况改变，如今，市场监管部门的食品安全监管模式已开始由"重视事前许可管理"向"重视事中事后监管"转变，食品安全应急管理方式也已由"事后处置应对"向"事前风险管控"转变，目前食品安全形势总体持续平稳向好，食品安全事故逐年减少，这充分显示出改革后食品安全治理体系爆发出的巨大改革红利。

同时，我们也要认识到食品安全是一个逐步提高的过程，而且永无止境，人民日益增加的美好生活需要对加强食品安全工作提出了新的更高要求，能够让人民群众吃得健康、吃得放心是食品安全监管人永恒的追求。食品安全监管工作一直在路上，食品安全应急管理工作也丝毫不能懈怠，食品安全事故硬性伤害虽然逐渐减少，但是，食品安全舆情事件的软伤害以及隐藏在暗处的食品安全风险却在时时窥探，我们应当加快适应新形势新变化，及时转变原有管理模式和工作方式，持续加强食品安全风险问题治理研究，建立健全食品安全风险分析机制，完善食品安全应急管理体系建设，创新应急预案可操作性场景化指导，加强食品安全突发事件处置案例交流，加大应急演练和培训力度，全面提升防范处置应对食品安全事件能力，为确保人民群众"舌尖上的安全"保驾护航。

参考文献

［1］ 中共中央、国务院：《关于深化改革加强食品安全工作的意见》。

［2］《中华人民共和国食品安全法》。

［3］《中华人民共和国突发事件应对法》。

［4］《中华人民共和国传染病防治法》。

［5］ 国务院：《突发公共卫生事件应急条例》。

［6］ 国务院办公厅：《国家食品安全事故应急预案》。

［7］ 国务院办公厅：《国家突发公共卫生事件应急预案》。

［8］ 李克强总理在十二届全国人大三次会议上作的《政府工作报告》。

［9］ 任建超：《食品安全事件应急管理研究》，中国农业大学博士学位论文，2017。

［10］ 李中华：《我国登山户外运动应急管理体系构建研究》，《四川体育科学》2013 年第 3 期。

［11］ 李霖：《食品安全突发事件中的地方政府应急处置优化研究》，西北大学硕士学位论文，2015。

［12］ 黄崇福：《从应急管理到风险管理若干问题的探讨》，《行政管理改革》2012 年第 5 期。

［13］ 童彤：《从严深化改革　守卫食品安全》，《中国经济时报》2019 年 5 月 7 日。

［14］ 黄春波：《基层食品安全监管的法治建设研究》，宁波大学硕士学位论文，2017。

［15］ 陆裕军：《食品安全事件应急管理机制研究》，宁波大学硕士学位论文，2015。

［16］ 韩笑：《我国食品安全应急管理体系研究》，山东财经大学硕士学位论文，2017。

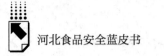

［17］曹利强：《食品安全突发事件全面应急管理体系构建思路研究》，《河南工业大学学报》（社会科学版）2013 年第 2 期。

［18］李亘：《食品安全监管中的风险交流策略研究》，哈尔滨工业大学博士学位论文，2017。

B.10
河北省食品安全科学技术
研究现状与发展

桑亚新　汤轶伟*

摘　要： 食品安全科学技术水平决定对食品安全的管控能力。本文总结了2019年河北省食品安全领域取得的成果，对食品安全检测技术、危害物降解、加工过程及内源性危害物控制、食品安全评估等方面进行了回顾和对比分析，阐述了食品安全科学技术领域的发展趋势和河北省的研究方向，并提出促进食品安全科学进步的建议。

关键词： 食品安全　科学技术　河北

　　食品安全科学技术是保障食品安全的重要技术支撑，主要研究与食品质量与安全相关的科学理论、技术保障及装备开发、检测技术等，是今后较长时间里食品安全领域发展的前沿。2019年，在省政府、高等院校、科研院所、企业及行业协会的共同努力下，河北省食品安全科学技术在过去的基础上取得了明显发展。

　　专业建设能力提高。根据教高厅函〔2019〕46号《教育部办公厅关于公布2019年度国家级和省级一流本科专业建设点名单的通知》，河北农业大学食品科学与工程专业获批国家级一流本科专业建设点。河北科技大学食品

---

* 桑亚新，河北农业大学食品科技学院院长、教授，主要从事食品微生物方向的研究；汤轶伟，河北农业大学食品科技学院教授，主要从事食品中化学性污染物残留检测技术方向的研究。

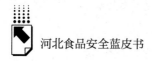

质量与安全、河北工程大学食品科学与工程专业获批省级一流本科专业建设点。河北农业大学在获批食品科学与工程一级博士点后，再次获批食品科学与工程博士后科研流动站。

论文量质并重，成果产出稳定。2019 年度河北省学者在食品安全科学技术领域 SCI 收录期刊上发表论文 120 篇，是 2015 年的 1.7 倍。2018～2019 年度，河北省在食品安全科学领域共获得河北省科技进步奖 6 项、中国商业联合会科学技术奖 4 项。

基础研究逐渐深化。结合河北省的资源和需求，河北高等院校、科研单位等在食品安全检测技术、危害物降解、加工过程及内源污染物安全控制等方面做了深入研究，并取得了显著进展。

一　2019年河北省食品安全科学技术成果

（一）食品安全科学技术成果获奖

根据河北省科技厅、中国商业联合会和中国轻工业联合会官方网站公示结果，河北省 2019 年食品安全科学技术成果获得河北省科技进步奖二等奖、三等奖各 1 项，中国商业联合会科学技术奖一等奖、二等奖、三等奖各 1 项（见表 1）。与 2018 年该领域成果获得河北省科技进步一等奖、二等奖各 2 项，中国商业联合会科学技术奖三等奖 1 项相比，两年获奖数量相当，表明河北省的食品安全科学技术成果产出稳定。

表 1　2019 年河北省食品安全科学技术成果获奖项目

项目名称	奖项名称	单位
新型食用油卫生指标的现场快速检测关键技术及装置	河北省科技进步奖/三等奖	河北农业大学、保定市产品质量监督检验所
食品中化学污染物高效分析关键技术	河北省科技进步奖/二等奖	华北理工大学、石家庄海关技术中心

项目名称	奖项名称	单位
激光拉曼光谱快速鉴别食品中非食用物质及掺伪	中国商业联合会科学技术奖/一等奖	河北省食品检验研究院
食品和化妆品中天然植物成分与禁限用物质检测技术研究及标准化	中国商业联合会科学技术奖/二等奖	河北省食品检验研究院
食品中重点污染物高效率检测技术研究	中国商业联合会科学技术奖/三等奖	河北省食品检验研究院

（二）SCI 学术论文

根据 ISI web of knowledge 数据库，设置主题词 food or analysis or detect or determination or detection，地址 Hebei，China，在搜索结果中选取 Agriculture 和 Chemistry 研究方向，结果见图1。河北省食品安全科学科研论文被 SCI 收录的数量呈逐年递增趋势，说明河北省在该领域的研究深度和广度进一步扩展，特别是在食品安全检测技术、危害物降解及加工过程控制等方面的研究，为河北农产品及食品安全发展奠定了基础。

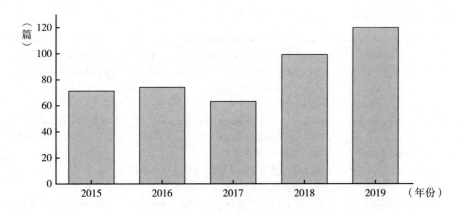

图1　2015～2019 年河北省食品安全领域 SCI 论文

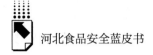
二 2019年河北省食品安全科学研究技术开发应用

（一）食品安全检测技术

化学污染物是食品安全重点监测内容之一，快速简便的食品安全检测技术为保障食品安全提供了强有力的技术支撑。围绕该问题，2019 年河北省开展了多方面研究，通过分子印迹技术制备了氨基脲、氟甲喹分子印迹仿生抗体，建立了水产品中氨基脲、氟甲喹快速仿生免疫检测方法，为制定水产品中该类化学性污染物残留检测标准方法提供了技术支撑；[1] 以胶体金为标记物，构建了环丙沙星免疫快速层析检测卡，建立了基于目视判别颜色变化快速检测动物源食品中环丙沙星残留的检测技术和产品，实现了精准、快速现场检测，降低了检测成本，使监管由事后处理变为现场反应，为提高食品安全检测水平奠定了坚实技术基础；[2] 基于制备的利巴韦林多克隆抗体建立直接竞争 ELISA 检测方法，为现场快速、灵敏、大批量监测动物源食品中利巴韦林残留提供技术；[3] 基于分子印迹技术和化学发光技术，构建了牛奶和肉品中四环素类和磺胺类药物残留检测的传感器平台。[4]

---

[1] Yu W，Liu M，Liu R，et al. Development of biomimetic enzyme-linked immunosorbent assay based on molecular imprinting technique for semicarbazide detection. *Food and Agricultural Immunology*，2020，31（1）：17 – 32；Liu W，Wang J，Yu W，et al. Study on abiomimetic enzyme-linked immunosorbent assay for rapid detection of flumequine in animal foods. *Food Analytical Methods*，2020，13（2）：403 – 411.

[2] Yu L，Liu M，Wang T，et al. Development and application of a lateral flow colloidal gold immunoassay strip for the rapid quantification of ciprofloxacin in animal muscle. *Analytical Methods*，2019，11（25）：3244 – 3251.

[3] 刘卫华、沙芳芳、李润磊等：《直接竞争 ELISA 法检测动物源食品中利巴韦林残留》，《食品工业科技》2019 年第 9 期，第 248 ~ 253、258 页。

[4] Jiang Z Q，Zhang H C，Zhang X Y，et al. Determination of tetracyclines in milk with a molecularly imprinted polymer-based microtiter chemiluminescence sensor. *Analytical Letters*，2019，52（8）：1315 – 1327；Li Z B，Liu J，Liu J X，et al. Determination of sulfonamides in meat with dummy-template molecularly imprinted polymer-based chemiluminescence sensor. *Analytical and Bioanalytical Chemistry*，2019，411（14）：3179 – 3189.

致病性微生物也是影响食品安全性的重要因素之一。基于重组酶聚合酶扩增技术，设计特异性引物和外显子探针，建立了实时重组酶聚合酶扩增检测水产品中副溶血弧菌快速检测方法，为食品中其他致病性微生物新型检测方法的建立奠定了基础。①

食品掺假是食品安全的重要方面，检测掺假则面临更大挑战。基于胶体金夹心免疫层析技术，以蜂蜜中主要蜂王浆蛋白为标志物，建立了大米糖浆、玉米糖浆等掺假蜜的鉴定技术，为蜂蜜掺假鉴别提供了新方法。② 河北省食品检验研究院基于激光拉曼光谱实现了核桃油、花生油等食用油中掺杂其他食用油快速定性鉴别和定量分析。

（二）食品中危害物降解方法

食品中危害物不仅给消费者身体健康带来严重威胁，还会造成重大经济损失。探索食品中危害物降解方法成为当前食品安全科学技术领域研究的重点和前沿，对提高食品安全水平具有重要意义。2019 年，河北农业大学桑亚新等研究了短小芽孢杆菌漆酶基因克隆表达，成功获得对牛奶中黄曲霉毒素 M1 具有高效降解效率的重组漆酶，为奶制品中黄曲霉毒素污染的防控奠定了基础③。

食品基质复杂，潜在危害物种类多样，且分子结构和理化性质不同，积极研发对多种危害物具有降解功能的酶或其他物理化学技术是今后研究的重点内容之一。

---

① Geng Y, Tan K, Liu L, et al. Development and evaluation of a rapid and sensitive RPA assay for specific detection of Vibrio parahaemolyticus in seafood. *BMC Microbiology*, 2019, 19 (1): 1 - 9.

② Zhang Y, Chen Y, Cai Y, et al. Novel polyclonal antibody-based rapid gold sandwich immunochromatographic strip for detecting the major royal jelly protein 1 (MRJP1) in honey. *PLOS ONE*, 2019, 14 (2), e0212335.

③ 霍超、卢海强、刘晓宇等：《短小芽孢杆菌漆酶基因的克隆表达及重组漆酶降解黄曲霉毒素 M1 研究》，《食品科学》2019 年第 10 期，第 92～98 页。

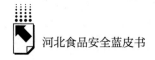
（三）食品加工过程及内源污染物安全控制

我国对食品加工过程中潜在危害物如丙烯酰胺、杂环胺、生物胺，以及鱿鱼中内源甲醛产生机理、检测方法、风险评估及有效抑制方法开展了大量研究，并获得大量研究成果。河北省在食品加工过程及内源污染物产生及控制方面也做了相关研究。

以葡萄糖和天冬酰胺为主要反应物，基于美拉德反应模拟体系证实温度是丙烯酰胺形成的重要因素，pH 值大于 8 能降低丙烯酰胺生成，半乳糖、果糖和蔗糖可促进丙烯酰胺生成，甘露醇、赤藓糖醇、山梨醇、β - 环糊精对丙烯酰胺的形成抑制明显[1]。

氨基脲常被作为呋喃西林标志性代谢物，对人体具有潜在危害性。食品中的氨基脲来源主要包括硝基呋喃类药物、动物自身、外界迁移和生产加工过程产生[2]。河北农业大学王向红等以南美白对虾为模型对象，确定虾中氨基脲来源于虾壳，精氨酸与虾中氨基脲含量密切相关，为水产品中氨基脲来源的确定及限量标准的制定提供了实验数据[3]。

（四）食品安全风险评估

食品安全风险评估是保障食品安全的管理措施，对降低食源性疾病发生、更好保护人类健康有极其重要作用，也是制定食品安全相关标准的科学依据。我国食品安全风险评估主要集中于致病微生物、重金属、药物残留等方面。基于中国知网，检索关键词"食品风险评估"发现，河北省在该领域尚未开展系统研究。

---

① 柴晓玲、王佳蕊、张云焕等：《Glu-Asn 食品模拟体系中丙烯酰胺的形成规律》，《中国食品学报》2018 年第 4 期，第 22~28 页。

② 马卉、魏云计、顾蓓蓓等：《浅谈动物源性产品中氨基脲的来源及控制》，《食品研究与开发》2015 年第 17 期，第 193~195 页。

③ Yu W, Liu W, Sang Y, et al. Analysis of endogenous semicarbazide during the whole growth cycle of Litopenaeus vannamei and its possible biosynthetic pathway. *Journal of Agricultural and Food Chemistry*, 2019, 67 (29): 8235 – 8242.

三 2019年河北省食品安全领域研究
进展与其他省市比较

（一）食品安全研究成果

根据我国科学技术部、主要省市科技厅和中国商业联合会官方网站公示结果统计，2019年北京、江苏、浙江、山东、河北5省市食品安全领域国家科技奖、省政府科技奖、中国商业联合会科技奖情况如图2所示。2019年，北京市在食品安全领域获得的国家科学技术奖最多（2项），浙江省和江苏省各获得1项国家科学技术奖；浙江省在食品安全领域获得的省政府科学技术奖最多（4项）；河北省获得中国商业联合会科学技术奖最多（3项）。结果表明，浙江省、北京市和江苏省在食品安全领域的基础研究、示范推广应用方面研究表现活跃。

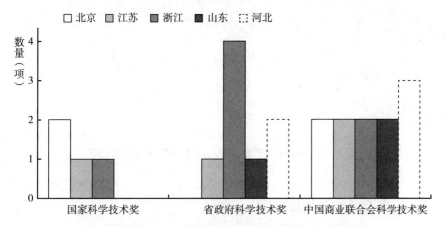

图2 2019年5省市食品安全国家科学技术奖、省政府
科学技术奖、中国商业联合会科学技术奖比较

以获得的国家科学技术奖的项目分析，北京市：①农产品中典型化学污染物精准识别与检测关键技术；②食品中化学性有害物检测关键技术创新及应用。浙江省：茶叶中农药残留和污染物管控技术体系创建及应用。江苏省：特色食品加工多维智能感知技术及应用。上述省市已在化学污染物精准

识别、创新检测技术、智能感知以及区域特色农产品或食品化学污染物的综合管控技术方面做了大量研究。

根据 ISI web of knowledge 数据库，设置主题词 food or analysis or detect or determination or detection，以不同省市地址为检索关键词，在检索结果中选取 Agriculture 和 Chemistry 研究方向，结果见图 3。结果表明，5 省市中北京在食品安全科技论文数量方面占绝对优势，河北省发表食品安全方面的科技论文与其他 4 省市有较大距离。

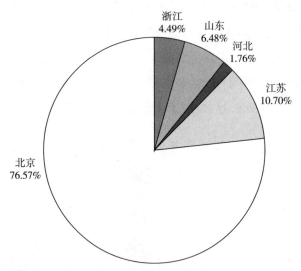

图 3　2019 年 5 省市食品安全领域 SCI 收录论文比较

（二）食品安全检测技术

食品安全检测技术通常包括仪器检测方法和生物检测方法两方面。

仪器检测方法主要向着高通量精确检测发展，以色谱—质谱联用技术为主。河北省出入境检验检疫局王敬等基于气相色谱/三重四极杆串联质谱建立了牛奶及奶粉中 213 种农药多残留的检测方法。[①] 河北农业大学于猛等基

---

① 王敬、艾连峰、马育松等：《气相色谱/三重四极杆串联质谱法测定牛奶及奶粉中 213 种农药多残留》，《色谱》2015 年第 11 期，第 73 ~ 83 页。

于气相色谱—负化学离子源质谱建立了含硫蔬菜中 86 种农药残留检测方法。[①] 食品种危害物种类繁多，多种类非靶向仪器筛查与检测成为研究热点。华南理工大学基于分散液液微萃取－高效液相色谱－四极杆－飞行时间质谱法，根据目标化合物特征离子精确质量数、同位素匹配、二级碎片信息进行数据库匹配，筛查可疑未知农药，为茶饮料中农药残留的快速筛查和质量控制提供重要的方法依据。[②] 浙江舟山出入境检验检疫局基于超高效液相色谱－四极杆飞行时间质谱建立了进口粮谷中未知农药的非靶向快速筛查方法。[③]

生物检测方法（免疫学方法、生物传感器技术、蛋白芯片等）中分子识别元件和信号元件是该类检测方法的核心。生物抗体是常用的生物分子识别元件，河北农业大学以胶体金标记生物抗体为探针，构建了牛奶中三聚氰胺和环丙沙星残留免疫层析试纸。[④] 多目标筛查符合现场高效检测需要。浙江大学以醛基修饰的载玻片为固相载体，以农药免疫抗原为包被抗原，以胶体金为标记材料，以抗农药单克隆抗体为识别元件，将银增强试剂用于信号放大，建立了含 10 对包被抗原与抗体组合的免疫芯片，可同时快速检测"毒死蜱"等 10 种农药残留[⑤]。

适配体是继生物抗体后的新型分子识别元件，江南大学基于适配体技术，设计了 6－羟基荧光素和纳米金结合的荧光适配体传感器用于甲拌磷农

---

① 于猛、王敬、段文仲等：《GC－NCl/MS 法测定含硫蔬菜中 86 种农药残留》，《食品工业》2016 年第 9 期，第 246～252 页。

② 伍颖仪、陈中、张思群等：《非靶向快速筛查茶饮料中未知农药残留》，《食品工业科技》2019 年第 15 期，第 188～195 页。

③ 周秀锦、陈宇、杨赛军等：《超高效液相色谱－四极杆飞行时间质谱法非靶向快速筛查进口粮谷中未知的农药残留》，《色谱》2017 年第 35 期，第 787～793 页。

④ 于璐、刘卫华、刘敏轩等：《胶体金免疫层析法快速检测牛奶中环丙沙星残留》，《食品研究与开发》2019 年第 22 期，第 159～163 页；汤轶伟、焦雪晴、崔芷萌等：《牛奶中三聚氰胺残留胶体金免疫层析快速检测方法研究》，《渤海大学学报》（自然科学版）2019 年第 2 期，第 113～118 页。

⑤ 赵颖、王双节、刘颖等：《毒死蜱等 10 种农药多残留快速检测芯片研究》，《分析化学》2019 年第 11 期，第 1759～1767 页。

药残留检测。[①] 浙江大学用 PicoGreen 作为检测探针建立基于核酸适配体识别玉米赤霉烯酮的快速检测方法。[②]

分子印迹聚合物被称为仿生抗体，是食品安全检测领域研究的热点。河北农业大学以分子印迹聚合物为壳、以掺杂稀土配合物的聚苯乙烯微球为核，构建了环丙沙星荧光探针，建立了鱼肉中环丙沙星残留的荧光检测方法。[③] 天津科技大学基于分子印迹聚合物和上转换纳米材料构建了赭曲霉毒素上转换荧光探针，建立了大米、玉米等样品中赭曲霉毒素残留检测方法。[④]

河北省在食品安全检测方面做了很多基础和应用研究，但与天津科技大学、江南大学等高校相比，依然存在较大差距，需在新型分子识别元件、荧光纳米标记物、高通量广谱快速识别技术和产品方面加快探索步伐。

（三）食品危害物降解方法

食品中危害物降解是降低食品风险、提高食品安全性的有效方法。河北省在生物方法降解生物毒素研究方面取得了一定成果。物理方法降解生物毒素也是重要的研究方向。江南大学主要进行了电子束辐照、上转换材料复合二氧化钛光催化、臭氧处理降解呕吐毒素、玉米赤霉烯酮、赭曲霉毒素研究[⑤]。另外，

---

① 王荣华、朱成龙、纪茜茜：《基于适配体技术的荧光传感器检测甲拌磷农药残留》，《检测与标准》2019 年第 4 期，第 60~63 页。

② 金庆日、苗灵燕、田广燕等：《利用 PicoGreen 作为检测探针建立基于核酸适配体识别的玉米赤霉烯酮快速检测方法》，《延边大学农学学报》2018 年第 2 期，第 42~48 页。

③ Li Z, Cui Z, Tang Y, et al. Fluorometric determination of ciprofloxacin using molecularly imprinted polymer and polystyrene microparticles doped with europium（III）（DBM）$_3$ Phen. *Microchimica Acta*, 2019, 186（6），334–340.

④ Yan Z, Fang G. Molecularly imprinted polymer based on upconversion nanoparticles for highly selective and sensitive determination of Ochratoxin A. *Journal of Central South University*, 2019, 26：515–523.

⑤ 李克、潘丽红、罗小虎等：《电子束辐照降解玉米中玉米赤霉烯酮和呕吐毒素效果研究》，《食品与发酵工业》2019 年第 21 期，第 73~78 页；王芳：《上转换材料复合二氧化钛光催化降解呕吐毒素及对小麦品质的影响研究》，江南大学硕士学位论文，2019；罗小虎、李克、王韧等：《臭氧、电子束辐照降解玉米赤霉烯酮和赭曲霉毒素 A》，《食品与机械》2017 年第 12 期，第 104~108、179 页。

物理挤压处理也可降解黄曲霉毒素 B1。[①]

河北省农产品食品种类多，产量大。针对河北省优势、特色农产品或食品，开展多种危害物综合降解技术研究，可有力提升河北省食品安全保障技术。

（四）食品加工过程控制

研究食品加工过程中危害物的生成机理和控制措施对保证民众健康和指导饮食方式有重要意义。河北省在食品或农产品中丙烯酰胺和氨基脲形成机制方面已开展了积极研究，为食品加工控制措施的制定提供了理论基础。

熏烤类食品中有机物的不完全燃烧及脂肪高温分解是产生苯并（a）芘的主要途径，可通过调节煎炸温度、时间，增添大蒜等辅料控制，并可进一步采用物理吸附法、溶剂萃取法、微生物法等去除措施去除食品中的苯并（a）芘[②]。

我国在食品中丙烯酰胺生成机制和控制方法方面研究较多，确定了热烫法、化学试剂法、生物法，可有效控制热加工过程中丙烯酰胺的生成[③]。

四　河北省食品安全科学技术研究发展趋势与展望

（一）加强食品安全风险评估研究

河北省是兼具山地、丘陵、平原、湖泊和海滨的省份，具有丰富的特色农产品食品资源和食品产业，且地处京津冀都市圈，加强食品安全风险评估研究具有重要意义。

---

① 郑海燕、魏帅、郭波莉等：《挤压降解黄曲霉毒素 B1 的试验研究》，《中国食品学报》2016年第 8 期，第 118～124 页。

② 孙莹、崔莹莹：《食品烹饪加工过程中苯并（a）芘检测方法及控制措施的研究进展》，《食品安全质量检测学报》2018 年第 3 期，第 81～87 页。

③ 罗金欢、刘晓庚、周瑞敏等：《基于文献计量分析我国抑制油炸食品中丙烯酰胺的研究进展与发展趋势》，《粮食科技与经济》2019 年第 9 期，第19～23 页。

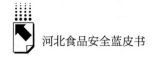

食品安全风险评估是食品安全保障的基础。开展河北省小麦、玉米等主要农产品中脱氧雪腐镰刀菌烯醇、玉米赤霉烯酮等生物毒素，水产品中重金属、贝类毒素等，饲料、奶制品及食用油中黄曲霉毒素，加工过程污染物如丙烯酰胺等本底值确证工作，加强本省主要农产品和食品的风险控制。植物健康方面，完成对土壤及栽培基质的风险评估。监管产品方面，重点对食品添加剂、调味品、塑料食品接触材料、食品酶、活性智能包装材料进行评估。开展食品链全过程中污染物迁移、转化、积累机制及其安全性评估。特殊类别风险评估将包括非动物源性食品致病菌（沙门氏菌、耶尔森氏鼠疫杆菌、志贺氏杆菌、诺如病毒）所引发的风险建议、新鲜肉类运输过程中的食品安全风险以及食用蛋变质和致病菌滋生造成的公共健康风险。根据研究结果，结合统计分析、暴露评估和评估方法等构建适合河北省自身需求的风险评估模型，给出基于食品种类的风险预警曲线，实现"事后预警"向"事前预警"、"被动应对"向"主动保障"的转变。

（二）提高食品安全检测技术的精、准、快

食品中真菌毒素、内源性污染物、重金属、农兽药残留等危害物种类繁多，很多物质结构复杂，而且在代谢或食品加工过程中还会发生复杂的化学变化，其产物具有很大不确定性，因此危害物的快速筛查和判别对食品安全的有效控制具有十分重要的意义。结合高分辨质谱等系列新型分析仪器以及数据信息化分析手段，开发基于仪器的快速筛查技术，为食品中危害物残留确证提供技术支撑。

食品安全现场快速检测方法与国家标准方法相比具有操作简单、快速的优点。《中华人民共和国食品安全法》规定："县级以上人民政府食品安全监督管理部门在食品安全监督管理工作中可以采用国家规定的快速检测方法对食品进行抽查检测。"随着高新技术的不断应用，目前食品安全现场快速检测技术的发展趋势有以下几个方面。①检测灵敏度更高。随着对食品中潜在危害物质研究和认识的日益深入，对这些物质的限量也越来越低，要求现场快速检测方法的灵敏度接近或达到分析仪器的水平。新型荧光纳米材料和

分子识别元件的研发，为提高现有快速检测方法的灵敏度提供了条件。②快速检测的多目标广谱识别。鉴于食品污染物的多样性，食品安全快速检测逐渐向着多目标广谱识别方向发展，这要求在识别元件研发或快速检测产品方面加大研发力度。③检测时间更短、准确性更高。快速检测符合现场监控食品安全的需要，在保证精确度的前提下，食品检测所需时间越短越好。目前，采用的快速检测方法还有许多需要完善的地方，应不断提高产品质量，降低假阳性或假阴性结果的出现。④检测仪器微型化、自动化、网络化。随着微电子技术、生物传感器、智能制造技术、物联网、5G 技术的应用，检测仪器向小型化、便携化、智能化方向发展，实时、现场、动态、快速检测正在成为现实。⑤检测方法集成化。针对食品安全重点检测对象的快速检测要求，利用分析比色法、荧光试纸条、酶联免疫法，结合嵌入式设备、5G/Wi‐Fi 通信模块，开发具有快速检测食品中农兽药、重金属、非法添加物、内源性污染物、致病微生物等危害物的多功能集成设备和技术。⑥检测产品国产化。随着我国对食品安全领域科研力度的加大，目前市场上的食品安全快速检测技术产品已有我国自主研发产品，但进口产品或依赖国外技术生产的产品依然占有绝对份额，研究生产具有我国自主知识产权的食品安全快速检测技术产品是大势所趋。⑦检测方法标准化。加大食品安全现场快速检测技术研发力度，制定检测方法标准，对扩大检测新技术应用提供法律支持。

（三）过程安全控制技术研究

2016 年中共中央、国务院印发《健康中国 2030 规划纲要》，不但要求我国的粮食数量安全，而且对我国的食品质量与营养安全提出了更高的要求。油炸、焙烤等热加工过程中危害物形成与控制一直是国际食品安全科学技术研究领域关注的难点和重点。多种危害物如多环芳烃、苯并（a）芘、反式脂肪酸、3‐氯丙醇酯、丙烯酰胺已确定可在食品加工过程中产生。

在分子层面揭示食品加工过程中危害物的形成机理。研究危害物产生及其代谢机制是食品安全技术的基础研究。食品基质成分复杂，碳水化合物、脂肪、蛋白质、不饱和脂肪酸等物质在食品加工过程中可能产生对人体有害的潜在危害物，危害消费者健康。在分子层面研究危害物产生途径，为控制食品加工过程危害物产生提供理论基础。

加工过程实时监测感知技术预警食品安全性。目前，食品加工过程产生的危害物含量检测主要依赖于气相色谱法、高效液相色谱法、红外光谱法、质谱以及毛细管电泳法等仪器检测方法。这些方法兼定量分析和定性分析于一体，且灵敏度高，但难以实时监测食品加工过程危害物的产生和含量。基于组学技术，确定食品中特定危害物的监测标志物，结合红外光谱技术、纳米生物传感器技术等，开发具有检测灵敏度高、检测速度快、成本低、易于实时检测的技术和设备，对加强食品加工过程危害物控制意义重大。阐明食品加工中危害物形成的分子机制，可以有效促进实时监测感知预警技术应用于食品加工过程。

（四）基于大数据的农产品质量安全溯源关键信息技术

大数据时代为建立高效食品安全监管与溯源提供了机会，通过食品安全相关数据的全面收集、分析、共享，基于事实和数据分析做出决策。食品安全涉及地头到餐桌的每一个环节，需动态全过程监测才能保障食品安全。农产品产地、品种、土壤、水质、病虫害发生、农药种类与数量、化肥、收获、储藏、加工、运输、销售等环节，都可能影响食品质量安全，通过收集、分析各环节的数据，可以预测食品是否存在安全隐患。建立食品质量安全大数据综合分析平台，有利于对食品安全进行风险监测、评估和预警，将有力地促进河北省在保障食品质量安全问题方面上一个新的台阶。

食品运输、环境污染、原料生产等过程投入品污染的带入，使食品中不断出现新型污染物。将探针传感器等快速检测技术结合物联网技术，开发快速检测溯源技术体系，对新型污染物快速判断和精准溯源，可从源头保障食品质量安全。

五　促进河北省食品安全科学技术进步的建议

（一）加强政府政策引导

为了引导河北省食品安全科学技术的深入研究与应用推广，制定相应保护和鼓励科技活动和成果转化的法规，促进科技主体交流与合作。在政府政策鼓励和引导下，促进科研单位、高等院校、食品企业开展更为密切的合作，促进知识产权市场化，推动河北省食品安全能力提升。

（二）加大政府资金支持力度

科研经费是基础研究和技术研究的保障。2019 年度北京市重大专项中仅食品安全科学技术领域的科研经费达 1000 余万元，强有力地支撑了北京市该领域的科学研究。河北省应在基础研究、高新技术研发、应用技术创新与集成示范等方面，不断增加科技投入，切实提高河北省食品安全总体水平和主动保障省内食品安全的科技支撑能力，努力保障民众健康与安全。

（三）强化高校科研作用

高等院校不仅拥有独立的科研单位如省重点实验室、院系下的研究团队和实验室，还有广大的科学研究者、大学生和研究生，是产、学、研、示范推广研究中心。结合我国食品安全科学技术的瓶颈问题、食品产业的技术需求以及市场监管中的技术应用问题，强化高校在食品安全科学技术领域的研究作用，激励和促进河北省高校科研人员持续不断创新食品安全科学技术，加快应用转化，切实提高市场监管部门和食品企业的食品安全技术水平。

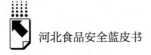
参考文献

［1］ Yu W, Liu M, Liu R, et al. Development of biomimetic enzyme-linked immunosorbent assay based on molecular imprinting technique for semicarbazide detection. *Food and Agricultural Immunology*, 2020, 31 (1): 17 – 32.

［2］ Liu W, Wang J, Yu W, et al. Study on abiomimetic enzyme-linked immunosorbent assay for rapid detection of flumequine in animal foods. *Food Analytical Methods*, 2020, 13 (2): 403 – 411.

［3］ Yu L, Liu M, Wang T, et al. Development and application of a lateral flow colloidal gold immunoassay strip for the rapid quantification of ciprofloxacin in animal muscle. *Analytical Methods*, 2019, 11 (25): 3244 – 3251.

［4］ 刘卫华、沙芳芳、李润磊等：《直接竞争 ELISA 法检测动物源食品中利巴韦林残留》，《食品工业科技》2019 年第 9 期，第 248 ~ 253 + 258 页。

［5］ Jiang Z Q, Zhang H C, Zhang X Y, et al. Determination of tetracyclines in milk with a molecularly imprinted polymer-based microtiter chemiluminescence sensor. *Analytical Letters*, 2019, 52 (8): 1315 – 1327.

［6］ Li Z B, Liu J, Liu J X, et al. Determination of sulfonamides in meat with dummy-template molecularly imprinted polymer-based chemiluminescence sensor. *Analytical and Bioanalytical Chemistry*, 2019, 411 (14): 3179 – 3189.

［7］ Geng Y, Tan K, Liu L, et al. Development and evaluation of a rapid and sensitive RPA assay for specific detection of Vibrio parahaemolyticus in seafood. *BMC Microbiology*, 2019, 19 (1): 1 – 9.

［8］ Zhang Y, Chen Y, Cai Y, et al. Novel polyclonal antibody-based rapid gold sandwich immunochromatographic strip for detecting the major royal jelly protein 1 (MRJP1) in honey. *PLOS ONE*, 2019, 14 (2), e0212335.

［9］ 霍超、卢海强、刘晓宇等：《短小芽孢杆菌漆酶基因的克隆表达及重组漆酶降解黄曲霉毒素 M1 研究》，《食品科学》2019 年第 10 期，第 92 ~ 98 页。

［10］ 柴晓玲、王佳蕊、张云焕等：《Glu-Asn 食品模拟体系中丙烯酰胺的形成规律》，《中国食品学报》2018 年第 4 期，第 22 ~ 28 页。

［11］ 马卉、魏云计、顾蓓蓓等：《浅谈动物源性产品中氨基脲的来源及控制》，《食品研究与开发》2015 年第 17 期，第 193 ~ 195 页。

［12］ Yu W, Liu W, Sang Y, et al. Analysis of endogenous semicarbazide during the whole growth cycle of Litopenaeus vannamei and its possible biosynthetic pathway. *Journal of Agricultural and Food Chemistry*, 2019, 67 (29): 8235 – 8242.

［13］ 王敬、艾连峰、马育松等：《气相色谱/三重四极杆串联质谱法测定牛奶及奶粉中 213 种农药多残留》，《色谱》2015 年第 11 期，第 73 ~ 83 页。

[14] 于猛、王敬、段文仲等:《GC‐NCl/MS 法测定含硫蔬菜中 86 种农药残留》,《食品工业》2016 年第 9 期,第 246~252 页。

[15] 伍颖仪、陈中、张思群等:《非靶向快速筛查茶饮料中未知农药残留》,《食品工业科技》2019 年第 15 期,第 188~195 页。

[16] 周秀锦、陈宇、杨赛军等:《超高效液相色谱‐四极杆飞行时间质谱法非靶向快速筛查进口粮谷中未知的农药残留》,《色谱》2017 年第 35 期,第 787~793 页。

[17] 于璐、刘卫华、刘敏轩等:《胶体金免疫层析法快速检测牛奶中环丙沙星残留》,《食品研究与开发》2019 年第 22 期,第 159~163 页。

[18] 汤轶伟、焦雪晴、崔芷萌等:《牛奶中三聚氰胺残留胶体金免疫层析快速检测方法研究》,《渤海大学学报》(自然科学版)2019 年第 2 期,第 113~118 页。

[19] 赵颖、王双节、刘颖等:《毒死蜱等 10 种农药多残留快速检测芯片研究》,《分析化学》2019 年第 11 期,第 1759~1767 页。

[20] 王荣华、朱成龙、纪茜茜:《基于适配体技术的荧光传感器检测甲拌磷农药残留》,《检测与标准》2019 年第 4 期,第 60~63 页。

[21] 金庆日、苗灵燕、田广燕等:《利用 PicoGreen 作为检测探针建立基于核酸适配体识别的玉米赤霉烯酮快速检测方法》,《延边大学农学学报》2018 年第 2 期,第 42~48 页。

[22] Li Z, Cui Z, Tang Y, et al. Fluorometric determination of ciprofloxacin using molecularly imprinted polymer and polystyrene microparticles doped with europium (III)(DBM)$_3$Phen. *Microchimica Acta*, 2019, 186(6): 334–340.

[23] Yan Z, Fang G. Molecularly imprinted polymer based on upconversion nanoparticles for highly selective and sensitive determination of Ochratoxin A. *Journal of Central South University*, 2019, 26: 515–523.

[24] 李克、潘丽红、罗小虎等:《电子束辐照降解玉米中玉米赤霉烯酮和呕吐毒素效果研究》,《食品与发酵工业》2019 年第 21 期,第 73~78 页。

[25] 王芳:《上转换材料复合二氧化钛光催化降解呕吐毒素及对小麦品质的影响研究》,江南大学硕士学位论文,2019。

[26] 罗小虎、李克、王韧等:《臭氧、电子束辐照降解玉米赤霉烯酮和赭曲霉毒素 A》,《食品与机械》2017 年第 12 期,第 104~108+179 页。

[27] 郑海燕、魏帅、郭波莉等:《挤压降解黄曲霉毒素 B1 的试验研究》,《中国食品学报》2016 年第 8 期,第 118~124 页。

[28] 孙莹、崔莹莹:《食品烹饪加工过程中苯并(a)芘检测方法及控制措施的研究进展》,《食品安全质量检测学报》2018 年第 3 期,第 81~87 页。

[29] 罗金欢、刘晓庚、周瑞敏等:《基于文献计量分析我国抑制油炸食品中丙烯酰胺的研究进展与发展趋势》,《粮食科技与经济》2019 年第 9 期,第19~23 页。

B.11
食品安全监管法律制度体系再构建

——2019 版《中华人民共和国食品安全法实施条例》立法探析

赵树堂*

摘　要： 2019 版《中华人民共和国食品安全法实施条例》（以下简称
　　　　　 《条例》）明确了各级人民政府食品安全委员会及乡镇政府、
　　　　　 办事处的法定职责，强化了食品生产经营主体的法定义务，
　　　　　 发挥食品普法综合治理的作用，构建完善的食品安全普法治
　　　　　 理体系。《条例》细化了风险治理、食品贮存、运输、标准
　　　　　 实施、食品进出口、保健食品虚假宣传等多种制度，引入了
　　　　　 "处罚到人"、规制行政处罚裁量权的法律责任制度，着力构
　　　　　 建完善的食品安全保障机制。

关键词： 食品安全　《中华人民共和国食品安全法实施条例》　主体
　　　　　 责任　监管制度体系

　　法律的生命在于实施，法治的权威也在于实施。2019 年 12 月 1 日施
行的《中华人民共和国食品安全法实施条例》，织密了维护人民群众健康
的新法网。将《条例》贯彻到食品安全监管的各个环节，全面落实《条
例》所创设的各种法治制度，推进提升食品安全整体水平，促进食品产
业的高质量发展，是各级市场监管部门的重大政治责任。学习好、宣传

＊ 赵树堂，河北省司法厅副厅长，党委委员。

好《条例》也就显得愈加重要。笔者就《条例》丰富内容尝试予以全面探析。

一 《条例》的立法要义和核心法治价值探析

确保食品安全是食品安全立法追求的目标之一，保障人民群众健康是食品安全立法的最高追求和终极价值。《条例》共 10 章 86 条，在精准分析食品安全新形势的基础上，立足于针对性、科学性、可操作性的立法定位，按照"依法立法、科学立法、民主立法"的基本原则，对《中华人民共和国食品安全法》（以下简称《食品安全法》）规定的制度进行了较为全面的细化和补充，全面贯彻了党中央四个"最严"的根本方针，全面体现了以人民为中心的理念，构建了食品安全监管协调统一的法律制度体系。

一是细化并严格落实《食品安全法》，力求食品安全监管法律制度更加"接地气"。《食品安全法》在食品安全监管中具有基本性法律地位，《条例》是《食品安全法》的"姊妹篇"。《条例》在《食品安全法》所创设的法律制度下"谋篇布局"，做到了详略得当、备而不繁，合理厘清了法律制度之间的边界。《条例》在此基础上，严格以《食品安全法》为圭臬，不折不扣地贯彻《食品安全法》所确定的指导思想和基本原则，对有关概念予以明确，法律制度上予以补充，操作上予以完善，对《食品安全法》所规定的事项应当适用法律情形和条件、处罚裁量标准、相关部门具体职能、案件移送程序性衔接等做出了更加具体、更具可操作性的规定。

二是以问题为导向，着力设计出解决食品安全监管实际问题的制度方案。在立法过程中，认真研究分析《食品安全法》实施以来食品安全领域依然存在的问题和出现的新情况，有针对性地完善相关制度措施。特别是针对食品安全监管部门之间协调不畅、部分食品安全标准不够协调、与公安部门执法程序衔接不够、食品贮存运输环节不够规范、食品虚假宣行为"打而不绝"、保健食品市场秩序较为混乱、监督检查等执法手段"硬度"不够、对违法犯罪责任人处罚力度偏轻等食品安全执法实践中存在的突出问题，量体裁衣，对症下药，从制度上拾遗补阙，进一步扎紧法律制度的笼子。

三是以食品生产经营企业主体全链条管理为重点，细化了市场主体法定义务。《条例》第十九条细化了食品生产经营企业主要负责人在投资方向、设备采购、工艺选择、人员管理、风险控制、利润设定等方面的责任，强化了食品生产经营的过程管理法定要求，并在法律责任中新增"处罚到人"条款，等等。立刚性制度于前，施严密监管于中，行猛药去疴于后，通过大幅度提高违法成本，进一步加大法律制度的威慑力，督促食品生产经营者落实食品安全主体责任。

二 《条例》所创制法律制度探析

《条例》总计 10 章 86 条，立法者在广泛听取企业、行业协会、有关部门和地方意见基础上，遵循食品安全监管客观规律，本着宜细则细的原则，从政府能力建设、企业责任、食品安全标准实施、食品产业链全过程监控、食品监管方式、强化法律责任、规制行政处罚权裁量权、完善食品安全监管部门与公安执法程序等方面进行了重大修改。

（一）突出完善地方各级政府职责，突出食品安全委员会协调能力建设

一是明确了县级以上人民政府所设立的食品安全委员会法律地位及其职责，充分发挥食品安全委员会法定职能。二是明确乡镇政府的支持、协助开展食品安全监督管理的职能，将其职能法定化。三是细化部门之间职责，明确部门衔接的程序规定，突出强调部门之间协调配合。例如，在监督管理方面，细化了食品安全监督管理部门和公安机关之间的案件移送具体程序；县级以上政府有关部门在开展食品风险监测和评估工作中会商、研判；等等。

（二）突出完善风险监测数据对政府及其部门行政决策的科学技术支撑作用

《食品安全法》第十六条规定了食品安全风险监测结果通报制度。为了充分发挥风险监测在政府监管决策中的作用，《条例》第九条规定，国务院食品安全监督管理部门和其他有关部门建立食品安全风险信息交流机制，明确食品安全风险信息交流的内容、程序和要求。通过政府部门通报机制，行政监管决策能力得到了加强，食品安全风险隐患能够得到及时防控。

（三）突出完善食品安全标准"刚性"约束力，着力规范其制定程序的科学性和规范性

《食品安全法》施行后，有关部门积极推动国家食品安全标准的"立、改、废、合"工作。针对食品安全标准制修订过程中存在的一些问题，《条例》再次规制了食品安全标准制定程序。如《条例》第二十三条，对食品进行辐照加工，应当遵守食品安全国家标准，并按照食品安全国家标准的要求对辐照加工食品进行检验和标注。《条例》第十条规定，国务院卫生行政部门应当在其网站上公布食品安全国家标准规划及其年度实施计划的草案，公开征求意见。

（四）突出完善食品生产经营者的主体责任，落实"产"出来的要求

例如《条例》第二条，食品生产经营者应当依照法律、法规和食品安全标准从事生产经营活动，建立健全食品安全管理制度，采取有效措施预防和控制食品安全风险，保证食品安全。《条例》第二十二条规定，食品生产经营者不得在食品生产、加工场所贮存依照本条例第六十三条规定制定的名录中的物质。

（五）补充规范食品检验方法

《条例》第四十一条规定，可以制定补充食品检验项目和检验方法，满足监管需要。

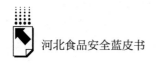

（六）细化进出口食品监管措施，建立覆盖进口前、进口时、进口后三个环节的全过程监管体系

加强进口食品监管是防止输入食品安全风险的重要环节。《条例》第六章第四十四条至第五十三条，用较多的笔墨着力规定了食品进出口环节相关规定，为守住国家食品安全大门提供了可靠的制度支撑。

（七）补充细化保健食品监管制度，着力打击保健食品市场乱象

例如，《条例》第三十四条规定，禁止利用包括会议、讲座、健康咨询在内的任何方式对食品进行虚假宣传；《条例》第三十九条第二款规定，特殊食品不得与普通食品或者药品混放销售；等等。

（八）补充完善地方政府属地监管制度，落实"管"出来的要求

食品安全的监督管理实行属地负责制。针对一些地方政府及其部门存在监管履职不到位、执法办案不力、法律适用不准确等现象，《条例》第五十九条规定，在日常属地管理的基础上，食品安全监督部门可以采取上级部门随机监督检查（飞行检查）、组织异地检查、上级部门直接查处下级部门管辖的食品安全违法案件等方式；《条例》第五十六条规定，国家应建立食品安全检查员制度；《条例》第六十五条规定，举报奖励资金纳入各级人民政府预算；《条例》第六十六条规定，相关部门建立守信联合激励和失信联合惩戒机制；等等。

（九）细化法律责任，大幅度提高违法成本，进一步落实"最严厉的处罚"

2015 年《食品安全法》大幅度提高了违法成本，加大了处罚力度，但是从各地执法实践中可以看出，《食品安全法》法律责任的规定落实效果不尽如人意。为此，《条例》第九章明确规定了对情节严重的违法行为要从重给予罚款，对具体执法中的法律适用提供了明确的量化指引。

一是《条例》列出了对违法单位有关责任人员个人处罚（罚款）的三种情形，例如《条例》第七十五条的规定。

二是明确了属于企业违法"情节严重"的六种具体情形，例如《条例》第六十七条的规定。

三是按照义务责任对等的原则，对《条例》中新规制的义务，都分别创设法律责任，例如《条例》第七十三条的规定。

四是明确各级食品安全监管部门处罚权限，着力纠正乱处罚、不处罚等执法乱象，例如《条例》第八十一条的规定。

五是明确了从轻或减轻处罚的情形，体现食品安全监管的"温度"。严格体现行政法治公平正义的价值理念，遵循《行政处罚法》所确立的过罚相当之原则，《条例》第七十六条规定以此保护食品生产经营者依法主动采取措施控制风险、减少危害的积极性。

三　河北省将《条例》落地生根的路径探析

新《条例》通篇贯彻了新时期党中央、国务院有关加强食品安全工作的新思想、新论断和新要求，落实好《条例》的各项制度规定，关乎人民群众生命健康的切身利益，是各级党委、政府及相关部门义不容辞的重大政治责任。"徒法不能自行"，河北省各级党委、政府及有关部门要切实提高政治站位，不折不扣地将《条例》所赋予的法定职责，全面彻底地落地落实落细。一要按照《条例》的法定授权，在"四个最严"监管方针指引下，进一步完善与地方食品安全监管相配套的法规制度，为食品安全监督管理提供更多的法治保障。河北省食品安全委员会要充分发挥"抓手"作用，积极牵头配合河北省人大法工委、司法厅、卫健委、市场局、农村农业厅等有关单位，在调查研究基础上，抓紧制定《河北省食品安全管理条例》《河北省食用农产品监督管理办法》等；不失时机地积极推进修订《河北省食品小作坊小餐饮小摊点管理条例》《河北省盐业管理实施办法》，对其他有关食品安全监管的规范性文件进行及时清理。二要全方位、立体式解读《条例》，将《条例》的立法精神、基本原则、各项制度及重大意义送到食品企业和寻常百姓家。各地方政府要将加强食品安全监管工作放在心上，摆在重要位置上，认真落实《中共中央　国务院关于深化改革加强食品安全工作的意见》、《地方党政领导干部食品安全责任制规定》《中共河北省委员会　河北省人民政府关于深化改革加强食品安全工作的若干措施》《中共河北省委办公厅　河北省人民政府办公厅关于落实食品安全党政同责的意见》等各项要求，为食品安全监管工作创造必要的条件。各相关部门要面向广大食品企业宣传《条例》，督促其切实担负起保证食品安全的主体责任；各级政府食品安全监管部门要切实担负起监管的主体责任，加大对各类食品企业监督检查的力度，切实加大食品安全违法犯罪案件查办力度。三要增强消费者对食品安全工作的参与意识，鼓励社会各界揭发举报违反《条例》的行为。四要严格按照《食品安全法》《条例》规定，持续地加大对食品安全违法犯罪的打击力度。所有违法案件都要处罚到直接责任人和有关责任人员，并依法向社会公开处罚信息；要及时修改完善《河北省食品药品行政执法与刑事司法衔接工作办法实施细则》，使食品安全行政执法与刑事司法衔接更加顺畅。五要严格按照《条例》规定，建立食品安全检查员制度，确保基层乡镇政府食品监管能力建设。为适应当前乡镇政府综合执法体制改革新形势，河北省食品安全委员会与省编办研究，力争尽快建立基层乡镇政府食品安全检查员队伍，同时切实提高检查员调查取证能力和查办案件水平，确保《条例》所确定的法律制度在基层落地生根。

B.12
国内外食品分析方法标准的研究

史国华　张兰天　张　岩*

摘　要： 食品分析方法标准体系是我国食品标准体系的重要内容，本文分析了我国及世界多个国家、地区和组织的食品分析方法标准框架，研究了食品分析方法验证和确认的原则，为我国构建科学合理、结构完善、适用性强、符合我国国情的食品分析方法标准体系，切实保障人民群众舌尖上的安全提供借鉴。

关键词： 食品安全　食品贸易　食品分析方法

随着经济全球化和国际食品贸易的增加，世界各国都制定了严格的食品安全技术法规和标准，采取了一系列保障食品安全和质量的措施，不断推动全球食品安全进程。

20 世纪早期，世界各国贸易往来频繁，各国的法规和标准差异较大，导致贸易摩擦时常发生。1903 年，国际乳业联合会（IDF）制定了乳和乳制品的国际标准，率先启动了国际标准的制定。1948 年，联合国粮农组织（FAO）成立，1950 年，世界卫生组织（WHO）成立，联合专家一致认为：采用统一的国际标准（包括产品标准、分析方法标准等），对于减少贸易壁垒、确保食品质量安全、保护消费者权益至关重要。

---

* 史国华，主任药师；张兰天，正高级工程师；张岩，研究员。单位均为河北省食品检验研究院，长期从事食品安全检测与研究工作。

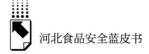

目前的国际化组织包括国际食品法典委员会（CAC）、国际标准化组织（ISO）、美国分析化学家协会（AOAC）、欧洲标准化委员会（CEN）、北欧食品分析委员会（NMKL）、国际乳业联合会（IDF）、国际谷类科学技术协会（ICC）、国际糖制品统一分析方法委员会（ICUMSA）、国际果汁生产商联合会（IFU）等。

一 国内外食品分析方法标准

（一）国际食品法典委员会（CAC）

CAC 宗旨是通过建立国际协调一致的食品标准体系，保护消费者健康，确保食品贸易公平进行。CAC 下设 22 个专业分委员会，其中一般主题法典委员会负责制定各类通用标准和推荐值，食品法典分析与采样方法委员会（CCMAS）统一负责所有分析方法的制定，其中兽药残留委员会（CCRVDF）负责兽药残留分析方法的制定。CAC 分析方法标准制定程序分为普通程序和特殊程序两种，其中普通程序分 8 个步骤，特殊程序即快速程序。

CAC 食品分析方法标准为推荐性方法，包括 CODEX STAN 234 – 1999《分析和抽样推荐方法》（2019 年修订）、CODEX STAN 228 – 2001《污染物的分析一般方法》（2004 年修订）、CODEX STAN 231 – 2001《辐照食品检测的通用法典方法》（2003 年修订）等，这些方法标准主要依据不同产品类别，推荐适用的分析方法。其中，分析方法指南包括 CAC/GL 50 – 2004《抽样的一般准则》、CAC/GL 72 – 2009《分析术语指南》、CAC/GL 70 – 2009《解决分析（测试）结果争议的指导原则》、CAC/GL 33 – 1999《推荐的测定农药残留量符合最大残留限量的取样方法》、CAC/GL 40 – 1993《农药残留分析：农药残留分析良好实验室操作指南》、CAC/GL 56 – 2005《使用质谱法（MS）鉴定、确定和定量测定残留物的准则》（2010 年修订）等，从术语、方法性能、实验室管理和质量控制等方面对方法进行原则性规定。

CAC 食品分析标准中除农药残留和兽药残留方法完全引用相关国际标准、公开发表的科学杂志和书籍外，其余方法分为Ⅰ法（定义法，仲裁检验）、Ⅱ法（参照法，争议和校准检验）、Ⅲ法（认可的替代法，常规检验）、Ⅳ法（暂行法，暂行检验）四类。

（二）国际标准化组织（ISO）

ISO 是全球性非政府组织，是世界上最大的国际标准化机构，其宗旨为"在世界促进标准化及其相关活动的发展，以便于国际物质交流和服务，并扩大知识、科学、技术和经济领域的合作"。ISO 的标准制定程序大体分为 9 个阶段，每个阶段分为 2 ~ 4 个工作步骤。标准从提案到批准发布至少包括 32 个工作步骤。

ISO 涉及食品标准制修订的主要为 ISO/TC 34 食品标准化技术委员会，包括了 TC 34/WG 14 维生素和胡萝卜素等营养物质等 8 个工作组；TC 34/SC 2 含油种子、TC 34/SC 3 水果和蔬菜制品、TC 34/SC 4 谷物和豆类、TC 34/SC 5 乳和乳制品等 16 个分技术委员会，如表 1 所示。

ISO 的食品分析方法标准通常以产品为主线，分别由各个不同的 SC 负责。①按方法内容分类包括分析类方法标准和基础类方法标准，分析类方法标准是各类食品中某种具体成分的详细分析方法和程序以及通用的分析方法标准，例如：ISO 20633：2015《婴幼儿配方奶粉和成人营养品·采用正相高效液相色谱法测定维生素 E 和维生素 A》、ISO 18787：2017《食品·水分活度测定》；基础类方法标准主要涉及抽样方法、试样制备方法、目标物质提纯方法、检测设备校准和使用方法、测定结果统计和不确定度评估方法、测定方法指南等，例如：ISO 707 – 2008《奶和奶制品·取样指南》、ISO/TR 13587：2012《评估和解释测量不确定度的三种统计方法》。②按适用范围分类包括产品专用分析方法和产品通用分析方法，产品专用分析方法是指同一类食品的检测，例如 ISO 488 – 2008《牛奶·脂肪含量的测定·格伯（Gerber）乳脂计》；通用分析方法标准涉及多类食品的检测，例如 ISO 1871 – 2009《食品和饲料产品·凯氏定氮法测定氮含量的一般准则》等。

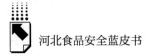

表 1   ISO/TC 34 食品标准化技术委员会构成

委员会/工作组	名称	秘书处/召集国
ISO/TC 34/CAG	主席咨询组	秘书处
TC 34/WG 14	维生素和胡萝卜素等营养物质	秘书处
TC 34/WG 16	动物福利	秘书处
TC 34/WG 20	黄曲霉毒素	秘书处
TC 34/WG 21	社会责任/可持续发展	秘书处
TC 34/WG 22	天然抗菌	秘书处
TC 34/WG 23	素食	秘书处
TC 34/WG 24	qNMR(定量核磁共振)	秘书处
TC 34/SC 2	含油种子	法国
TC 34/SC 3	水果和蔬菜制品	波兰
TC 34/SC 4	谷物和豆类	中国
TC 34/SC 5	乳和乳制品	荷兰
TC 34/SC 6	肉禽鱼蛋及其制品	博茨瓦纳
TC 34/SC 7	香料和调味料	印度
TC 34/SC 8	茶	英国
TC 34/SC 9	微生物	法国
TC 34/SC 10	动物饲料	荷兰
TC 34/SC 11	动植物油脂	英国
TC 34/SC 12	感官分析	阿根廷
TC 34/SC 15	咖啡	巴西
TC 34/SC 16	分子生物标志物分析	美国
TC 34/SC 17	食品安全管理体系	丹麦
TC 34/SC 18	可可	荷兰
TC 34/SC 19	蜂产品	中国

③按技术分类包括感官分析方法、理化分析方法、生物分析方法，感官分析方法标准包括顺序分析法、成对比分析法、三角法等，例如 ISO 6658 - 2017《感官分析·方法学·总则》；理化分析方法标准包括高效液相色谱法、气相色谱法、原子吸收光谱法、近红外光谱法等，例如 ISO 9233 - 1 - 2018《乳酪、乳酪外皮和加工的奶酪·游酶素含量的测定·第 1 部分·乳酪外皮的分子吸收光谱法》；生物分析方法标准包括平板计数法、免疫亲和色谱法、PCR 等，例如 ISO 11290 - 1 - 2017《食物链的微生物学·单核细胞李

斯特菌和李斯特菌属检测和计数的水平方法·第 1 部分：检测方法》。④按指标分类包括质量指标分析方法和安全指标分析方法，质量指标涉及水分、灰分、过氧化值、皂化值等，例如 ISO 6647 - 2 - 2015《稻米·直链淀粉含量测定·第 2 部分：常规法》；安全指标涉及农药残留、兽药残留、污染物、食品添加剂、真菌毒素、有害微生物等，例如 ISO 16050 - 2003《食品·谷物、坚果和衍生产品中黄曲霉毒素 B_1、B_2、G_1 和 G_2 总含量的测定·高效液相色谱法》。

（三）中国

中国政府高度重视食品安全，原卫生部颁布的《食品卫生检验方法》对规范中国食品的市场、保障食品安全，发挥了重要作用。《中华人民共和国食品安全法》《食品安全国家标准"十二五"规划》《食品安全国家标准与监测评估"十三五"规划》《食品安全国家标准与监测评估"十四五"规划》等国家法律法规和政策积极推动了食品标准的发展与提升。

目前，国家市场监督管理总局、国家标准化管理委员会负责下达、批准、发布国家标准，开展强制性国家标准对外通报；协调、指导和监督行业、地方、团体、企业标准工作。我国目前借鉴了 CAC、ISO、AOAC 等国际组织或国家的经验，坚持科学性、合理性、整体性、可行性、协调性的原则，不断完善食品分析方法标准体系。

1. 国家标准

国家标准包括强制性食品安全国家标准和推荐性国家标准。强制性食品安全国家标准是保障人体健康、人身、财产安全的标准和法律及行政法规规定强制执行的国家标准，由国家风险评估中心承担技术管理工作。2008 年底，我国自乳制品的标准修订开始，食品的基础标准和各类检验方法标准陆续清理整合，目前食品安全国家标准的检验方法与规范近 500 项。推荐性国标是指生产、检验、使用等方面，通过经济手段或市场调节而使市场主体自愿采用的国家标准，由国务院有关行政主管部门制定。

食品分析方法国家标准可以分为基础类方法标准和检测类方法标准。

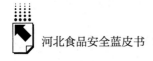

（1）基础类方法标准

基础类方法标准包括食品分析术语标准，如 GB/Z 21922 - 2008《食品营养成分基本术语》；食品抽样方法标准，如 GB/T 30642 - 2014《食品抽样检验通用导则》；食品取样方法标准，如 GB/T 8302 - 2013《茶取样》；试样制备方法标准，如 GB/T 15687 - 2008《动植物油脂·试样的制备》；方法性能评价标准，如 GB 15193.1 - 2014《食品安全国家标准 食品安全性毒理学评价程序》；方法分析标准，如 GB/T 5009.1 - 2003《食品卫生检验方法 理化部分 总则》等。

（2）检测类方法标准

检测类方法标准可以分为通用方法标准和产品专用方法标准，也可以分为品质类方法标准、安全类方法标准、生物类方法标准、毒理学方法标准和感官类方法标准。通用方法标准是适用大部分食品的分析方法，如 GB 5009 系列如 GB 5009.182 - 2017《食品安全国家标准 食品中铝的测定》；产品专用方法标准是适用某类食品的分析方法，如 GB 8538 - 2016《食品安全国家标准 饮用天然矿泉水测定法》、GB/T 5494 - 2019《粮油检验 粮食、油料的杂质、不完善粒的检验》、GB/T 23788 - 2009《保健食品中大豆异黄酮的测定方法 高效液相色谱法》。品质类方法标准是分析食品的品质指标，如蛋白质、脂肪、维生素、酸价、过氧化值等，如 GB 5009.229 - 2016《食品安全国家标准 食品中酸价的测定》；安全类方法标准用于分析食品中的污染物、农药残留、兽药残留等，如 GB 5009.12 - 2017《食品安全国家标准 食品中铅的测定》；生物类方法标准，如 GB 4789.34 - 2016《食品安全国家标准 食品微生物学检验双歧杆菌检验》；毒理学方法标准，如 GB 15193.2 - 2014《食品安全国家标准 食品毒理学实验室操作规范》；感官类方法标准，如 GB/T 23776 - 2018《茶叶感官审评方法》等。

2. 行业标准

行业标准是为全国某个行业范围内统一的技术要求所制定的标准，包括农业标准、水产标准、商业标准、进出口标准、轻工标准等。如 NY/T 2947 - 2016《枸杞中甜菜碱含量的测定高效液相色谱法》、SC/T 3053 - 2019《水产品及其制品中虾青素含量的测定高效液相色谱法》、SB/T 10920 – 2012《食品中酸性橙染料的测定高效液相色谱法》、SN/T 1022 – 2010《进出口食品中霍乱弧菌检验方法》、QB 1007 – 1990《罐头食品净重和固形物含量的测定》等。

3. 地方标准

地方标准是由地方（省、自治区、直辖市）标准化主管机构或专业主管部门批准、发布并在某一地区范围内统一的标准。制定地方标准一般有利于发挥地区优势，有利于提高地方产品的质量和竞争能力，同时也使标准更符合地方实际，有利于标准的贯彻执行。凡有国家标准、行业标准的一般不能制定地方标准。因此，目前食品分析方法的地方标准已经非常少见，如DB64/T 1718 – 2020《马铃薯中龙葵素（α – 茄碱及 α – 卡茄碱）的测定高效液相色谱法》、DBS22/007 – 2012《食品安全地方标准食品中甜菊糖苷的测定高效液相色谱法》等。

4. 团体标准

团体标准是鼓励具备相应能力的学会、协会、商会、联合会等社会组织和产业技术联盟协调相关市场主体共同制定满足市场和创新需要的标准，供市场自愿选用，增加标准的有效供给。如 T/JAASS 3 – 2020《大米中甲基毒死蜱残留快速测定胶体金法》、T/KJFX 001 – 2020《食品接触表面李斯特氏菌属的快速检测等温扩增法》等。

5. 企业标准

企业标准是企业根据需要自主制定、实施的标准。鼓励企业制定高于国家标准、行业标准、地方标准，具有竞争力的企业标准。建立企业产品和服务标准自我声明公开和监督制度，逐步取消政府对企业产品标准的备案管理，落实企业标准化主体责任。目前的企业标准基本为产品标准，其中项目涉及的检验方法多采用国家标准或行业标准，只有部分感官项目及尚无国家及行业标准方法的项目，企业会自行制定分析方法标准。

（四）欧盟

目前，欧盟通过多年改革，形成了"从农田到餐桌"的食品安全法律

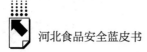
体系，包括食品技术标准和食品管理标准两大类。欧洲标准化委员会是欧盟正式认可的欧洲标准化组织，专门负责电信和电工外领域的欧洲标准化工作，其中食品领域的标准包括食品成分分析、动物饲料、质量保险、食品包装和运输等，是 ISO 制定国际标准的重要基础，也是评价欧盟市场食品质量的依据。

欧盟的食品分析方法标准包括通用标准、农药残留标准、元素标准、生物毒素标准、食品添加剂标准、品质质量标准。

1. 通用标准

食品分析通用标准包括：《2002/657/EC 指令　执行关于分析方法运行和结果解释》《333/2007/EC 指令关于制定食品中铅、镉、汞、无机锡、3－氯丙二醇和多环芳烃官方样品制备和分析方法通则》《401/2006/EC 指令　关于制定食品中霉菌毒素水平样品制备和分析方法的官方控制标准通则》《1882/2006/EC 指令　关于制定特定食品中硝酸盐官方样品制备和分析方法通则》等。

2. 农药残留

农药残留分析方法包括以下几类。①植物源性食品。EN 12393－2013：植物源性食品农药多残留的 GC 或 LC－MS/MS 测定方法系列（第 1 部分 概述；第 2 部分 净化和提取方法；第 3 部分 检测和方法确证）。EN 15637：2008 植物源性食品 甲醇提取、硅藻土净化、LC－MS/MS 检测其中的农药残留；EN 15662：2018 植物源性食品 乙腈萃取/提取、QuEChERS 分散固相萃取净化等。②高脂肪食品。EN 1528－1996：高脂肪食品农药和多氯联苯（PCBs）的检测系列（第 1 部分 概要；第 2 部分 提取方法；第 3 部分 净化方法；第 4 部分 检测和确认）。③无脂肪食品。EN 12396：无脂肪食品中二硫化基甲酸盐和二硫化四烷基秋兰姆残留的检测系列（第 1 部分 光谱测定法；第 2 部分 气相色谱法；第 3 部分，紫外光谱黄原酸盐法）等。

3. 元素

元素分析主要采用原子吸收光谱法、电感耦合等离子体质谱法等，测定对象包括食品中铅、镉、锌、铜、铁、砷、汞、碘等。例如，EN 14082：

2003《食品 微量元素测定 干法消解 原子吸收光谱法测定铅、镉、锌、铜、铁、铬的含量》、EN 14627：2005《食品 微量元素测定 高压消解 氢化物发生原子吸收光谱法测定总砷和硒的含量》、EN 15111：2007《食品 微量元素测定 电感耦合等离子体质谱法测定碘的含量》、EN 15505：2008《微量元素的测定 微波消解 火焰原子吸收光谱法测定钠和镁的含量》等。

4. 生物毒素

生物毒素分析主要采用高效液相色谱法、质谱法检测食品中的黄曲霉毒素、伏马毒素、赭曲霉毒素、玉米赤霉烯酮、脱氧雪腐镰刀菌烯醇等。例如，EN 16187：2015《食品 含加工玉米婴幼儿食品中伏马毒素 B_1 和伏马毒素 B_2 的测定 免疫亲和柱净化－柱前衍生－高效液相色谱 荧光检测法》、EN 14176：2017《食品 反相高效液相色谱－紫外检测法测定生贝、生长须鲸、熟贝类中软骨藻酸的含量》等。

5. 食品添加剂

食品添加剂分析主要采用高效液相色谱等方法检测安赛蜜、阿斯巴甜、甜蜜素、糖精钠、纳他霉素、亚硝酸盐、亚硫酸盐等。例如，EN 15911：2010《食品 高效液相色谱 蒸发光散射检测九种甜味剂》、EN 16155：2012《食品 三氯蔗糖的测定 高效液相色谱法》、EN 12014－4：2005《食品 硝酸盐或亚硝酸盐含量测定 第4部分 离子交换色谱》等。

6. 品质指标

品质指标包括维生素、蛋白质、脂肪、过氧化值、酸度、水分、灰分等，分析方法如 EN 12822：2014《食品中维生素 E 的检测 高效液相色谱法测定 α、β、γ 和 δ 生育酚》、EN ISO 8381：2008《乳基婴幼儿食品 脂肪含量的测定 重量法》、EN ISO 3960：2017《动植物油脂 过氧化值的测定》等。

7. 污染物

环境污染物多氯联苯、多环芳烃、三聚氰胺联苯二甲酯等的检测方法，如 EN 1528 系列、EN 16858《食品中三聚氰胺和三聚氰酸的液相色谱串联质谱检测》、EN ISO 15303《动植物油脂气相色谱质谱法》等。

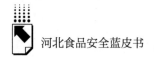

（五）美国

美国食品安全法律法规包括《食品、药品和化妆品法》（FFDCA）、《肉类产品检验法》（FMIA）、《禽类产品检验法》（PPIA）、《蛋类产品检验法》（EPIA）等以及联邦法规21CFR。

美国推行的是民间标准优先标准化政策，自愿性和分散性是美国食品标准的特点，方法标准制定机构主要是经过美国国家标准学会（ANSI）认可的与食品相关的行业协会、标准化技术委员会和政府部门。行业协会如美国分析化学家协会（AOAC）、美国谷物学家协会（AACCH）、美国奶制品协会（ADPI）、美国公共卫生协会（APHA）等。标准化技术委员会如烘烤业卫生标准委员会（BISSC）、三协会卫生标准委员会（DFISA）、农业部农业市场服务局（AMS）等。

美国的方法标准包括《食品及相关产品的元素分析手册》（EAM）、《食品中农药残留分析手册》（PAM）、《美国药典》（USP，食品中兽药残留分析）、《细菌学分析手册》（BAM）等。例如《FDA元素分析手册》4.7 ICP-MS方法测定食品中砷、镉、铅、汞，FDA LIB #4302 LC-MS/MS方法测定蟹肉中的氯霉素，《ORA实验室手册》第4卷第7章7.4.6液相色谱法测定苹果汁、苹果和梨中的展青霉素等。

（六）俄罗斯

俄罗斯于2000年正式出台《俄罗斯联邦食品质量和安全法》，形成《食品标签管理条例》《食品安全与使用价值的卫生要求》《食品消费说明》《饮用水卫生要求与品质监测》等系列法律法规。俄罗斯的食品分析方法标准主要包括独联体跨国GOST标准、独联体跨国标准建议与跨国规则PMT和ПМГ、俄罗斯联邦国家标准GOST R、杂志ИуС和其他标准化规范文件。俄罗斯的食品分析方法标准包括通用标准和专用分析方法标准。

1. 通用标准

通用标准主要是标准编写、实验室质量控制等，如GOST R 1.12-2004

俄罗斯标准化规定 术语和定义、GOST R 54607.1 - 2011 公共餐饮服务 产品餐饮的实验室质量控制方法 第 1 部分 理化试验的抽样和制备、GOST R 54607.2 - 2012 公共餐饮服务 产品餐饮的实验室质量控制方法 第 2 部分 理化实验方法等。

2. 专用分析方法标准

专用分析方法包括农残分析方法、兽药残留分析方法、无机元素分析方法、生物毒素分析方法、食品添加剂分析方法、其他（质量指标、非法添加物、环境污染等）分析方法。如 GOST 32690 - 2014 果汁和果汁产品中多种农药残留量测定 液相色谱 串联质谱法、GOST ISO 13493 - 2014 肉与肉制品中氯霉素残留量测定 高效液相色谱法、GOST R EN 14108 - 2009 脂肪和油的衍生物 脂肪酸甲基酯（FAME）钠含量的测定 原子吸收光谱法、GOST EN 14352 - 2013 玉米食品中伏马毒素 B_1 和 B_2 含量的测定 免疫亲和柱净化高效液相色谱法、GOST ISO 20481 - 2013 咖啡和咖啡产品中咖啡因含量的测定 高效液相色谱法等。

（七）澳新

澳大利亚和新西兰同属英联邦国家，两国建立了食品联合管理体系，协调食品立法、标准制定和监管措施的执行，并由澳新食品标准局（FSANZ）负责制定食品标准和法规。

澳大利亚开展食品监控计划采用的分析方法需要经过实验室内认可机构（NATA、IANZ）认可，并且方法必须符合监控计划要求的最低性能水平，符合方法适宜性评价。因此，这些方法引用了国际方法或大部分均以实验室内部方法形式出现。澳大利亚的食品分析方法，如农药残留的分析方法：Agrifood Technology 实验室内部方法 TP/311 和 TP/312（氨基甲酸酯类、除草剂、杀真菌剂、杀虫剂、有机磷、有机氯、拟除虫菊酯），兽药方残留分析法：NMI 实验室内部方法 VL418（动物源食品及海产品中喹诺酮、佛喹诺酮和孔雀石绿药物残留的检测 LC - MS/MS 法），生物毒素分析方法：AOAC 2005.06（HPLC 法分析麻痹性贝类毒素），添加剂分析方法：Diary

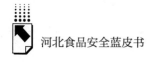
Technical Services Limited t 实验室内部方法 VOLA 01 食品中丙酸检测 GC – FID，其他分析方法，NMI 实验室内部方法 VL 359 食品中氯化物等的分析 – 离子色谱法。

新西兰的食品检验任务均由官方认可实验室承担，通常采用国际公认的或实验室内部方法分析。新西兰的食品分析方法，如农药残留分析方法：AsureQuality 实验室内部方法/USFDA 农药分析手册卷 1，NZTM 3.14.1 – 3.14.8 化学标准方法 有机氯和有机磷农药的多残留筛查法；兽药残留分析方法：实验室内部方法（抗菌类药物）；元素分析方法：OIV – AS – 322 – 06 原子吸收光谱法测定葡萄酒中的铜；生物毒素分析方法：JAOAC，84（2）：437 – 443 HPLC 法分析黄曲霉素 M_1；添加剂分析方法：AOAC 983.16 食品中的苯甲酸和山梨酸 – GC 法；其他：NZTM 3.15.4（issue 14.0 2008）/ISO 8969 – 1/IDF 20 – 1：2001 蛋白。

（八）加拿大

加拿大食品分析方法由加拿大卫生部直属的健康产品和食品分部（HPFB）下设的食品理事会负责，其中食品研究分局开发、修订食品常用分析方法，包括官方方法、HPB 方法、用于监控的实验室程序（LPS）、实验室操作程序。

官方方法是食品监管指定方法，用于相关法律和监管程序的管理；HPB 方法是由加拿大食品检验署（CFIA）开发的实验室内部方法；实验室操作程序是至少一家实验室验证的方法，为卫生部开展合规性检验和数据收集调查提供技术支持；LPS 方法主要用于化学品暴露研究或限量标准研究。官方方法如 FO – 1 蛋白质等级的测定；HPB 方法如 HPB – FC – 12 水溶性和水不溶性膳食纤维的快速重量法测定；LPS 方法如 LPS – 001 饮料中苯的测定实验室程序；实验室程序方法如 LPFC – 123 GC – ECD 和 GC – MS 法检测小麦面粉中呕吐毒素的含量。

（九）日本

日本的食品安全法律法规包括《食品卫生法》和《食品安全基本法》

等，管理机构主要有食品安全委员会、农林水产省、厚生劳动省和消费者厅，其中厚生劳动省主要负责食品分析方法的制修订。

日本的食品分析方法包括农药残留、兽药残留、食品添加剂、其他（质量、非法添加物、环境污染物）等分析方法。如敌草腈分析方法、吡喹酮的高效液相色谱分析法、食品中 TBHQ 的高效液相色谱法、保健食品中低聚果糖分析方法、食品中地塞米松残留量的高效液相色谱法、食品中丙烯酰胺 LC - MS 双柱法、食品中镉的 ICP 法等。

（十）韩国

韩国的食品法律法规主要有《食品安全基本法》和《食品卫生法》等，监管机构为食品药品安全处、国立农产品质量管理院和农畜产品相关机构。

食品标准主要有《食品公典》和《食品添加剂公典》，其中《食品公典》中的第 5 章至第 7 章包含部分检验方法、第 9 章《通用检验方法》全面详述了对食品质量、农药残留、兽药残留、毒素、元素、食品添加剂等的多种分析方法。

二 食品分析方法的确认与验证

食品分析方法建立后，一般要经过对其性能的全面确认和验证后，才能转化为标准推广使用。

国际食品法典委员会中的某类食品委员会向分析和采样方法委员会（CCMAS）提交认可某一分析方法后，CCMAS 会评估其可行度、适用性（基质、浓度范围等）、检出限、定量限、精确度（实验室内重复性、实验室间再现性等）、回收率、选择性、敏感性、线性等。AOAC 则是根据客户的不同需求给定三种方法确认程序：官方方法确认、同行验证程序、研究所性能测试程序。三种方法确认程序都要用参数评估该方法的性能，如准确度、精密度、回收率、线性、检出限、定量限、灵敏度和特异性等。欧盟的2002/657/EC 指令执行关于分析方法运行和结果解释，详述了食品分析方法

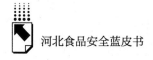
的性能标准和验证。该指令明确：性能标准是对性能指标的要求，据此可以判断分析方法是否符合要求，是否能得到可靠的结果；验证是证明分析方法相关性能指标是否符合要求。

中国的食品分析方法建立后，通常依据 GB/T 5009.1 – 2003《食品卫生检验方法　理化部分　总则》，并参考 GB/T 27404 – 2008《实验室质量控制规范　食品理化检测》、GB/T 27417 – 2017《合格评定　化学分析方法确认和验证指南》开展分析方法评估，内容包括以下几个方面。

1. 社会稳定性风险评估

社会稳定性风险评估主要从食品分析方法的合法性、合理性、可行性、安全性、可控性和国际性进行说明。

2. 与我国相关法律法规和其他标准的关系

食品分析方法的内容要与我国现行法律法规的要求保持一致，并且与相关的产品标准、通用标准、其他方法标准无冲突，保持协调一致。如食品中某种营养强化剂的分析方法，其适用范围应考虑 GB 14880 中规定的该类营养强化剂使用范围和使用量，其检出限和定量限应考虑产品标准中该类营养强化剂的限量范围，避免出现检出限和定量限高于限量的情况。

3. 技术内容

技术内容包括方法研制和试验条件的确定、实验室内和实验室间验证、线性范围、检出限、定量限、准确度、精密度、回收率、稳定性、特异性、方法比对、征求意见汇总等。

综上所述，食品分析方法标准是评价食品品质、质量、营养、卫生、安全的重要依据，构建科学、合理、整体、可行、协调的方法标准体系对全面提升我国食品标准质量，促进食品行业发展，保障人民群众食品安全，具有重要的意义。

B.13

2019年河北省食品安全公众满意度调查报告

河北省市场监督管理局

摘　要：　2019年底，河北省市场监督管理局委托有关机构对全省食品安全状况进行了问卷调查。本报告分为六个部分：一是公众对食品安全状况的评价；二是公众对食品安全状况变化的感知；三是公众对食品安全工作的评价；四是公众对食品安全的综合满意度；五是公众对食品安全的认知与问题反映；六是样本构成与数据评估。

关键词：　食品安全　公众满意度　河北省

河北省市场监督管理局委托第三方调查机构采用手机电子问卷调查方式，于2019年12月下旬，面向全省社会公众，围绕公众对食品安全状况的满意度评价、对食品安全状况变化的感知、对食品安全工作的满意度评价等内容进行了问卷调查。

本次调查范围覆盖全省11个设区市、雄安新区以及两个省管县，调查对象以随机抽样的方式在全省公众中抽取。调查方式采用手机电子问卷调查，调查结果由受访公众直接通过手机提交。经过科学的前期部署和周密的组织实施，全省共计回收有效问卷19723份。调查样本在行政区域、人群职业、城乡结构、样本间距上实现了合理分布，汇总数据对省、市两级有很好的代表性。

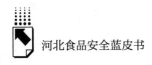

调查数据表明，河北省食品安全工作取得了一定成效，2019年全省公众对食品安全的综合满意率为82.04%，比2018年同期水平（81.95%）有所提升；公众对食品安全整体状况的满意率为80.94%；各类食品安全状况综合稳定提高率为89.45%。

2019年食品安全的突出问题得到一定遏制，最突出的食品安全问题仍是农药残留超标和滥用或超标准使用添加剂，安全问题最突出的食品种类仍是蔬菜类和肉（包括肉制品）类，最应加强治理的食品环节是生产、加工和销售环节。

一 公众对食品安全状况的评价

舌尖上的安全关系着每个人的切身利益，了解公众对食品安全最直接的感受尤为必要。因此，本次调查主要以食品安全状况的公众满意率（回答"满意"和"基本满意"的受访者占比之和，下同）为评价指标，包括公众对粮食和食用油类、蔬菜和水果类、肉蛋奶和水产类、儿童食品和保健食品安全状况的评价，同时了解公众对食品安全整体状况的评价。

调查结果显示，公众对食品安全整体状况的满意率为80.94%。从食品类型角度看，公众对粮食和食用油类食品安全状况的满意率最高，为83.25%；其次是肉蛋奶和水产类，为79.20%；再次为蔬菜和水果类，为78.42%；公众对儿童食品和保健食品安全状况的满意率最低，为68.56%（见图1）。

（一）公众对粮食和食用油类食品安全状况的评价

公众对粮食和食用油类食品安全状况的满意率为83.25%，比2018年同期水平（82.99%）提升了0.26个百分点。其中表示"满意"的占24.02%，表示"基本满意"的占59.23%，表示"不满意"的占16.75%。

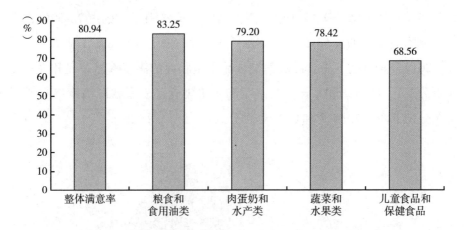

图1 2019 年河北省公众对主要食品安全状况的满意率

（二）公众对蔬菜和水果类食品安全状况的评价

公众对蔬菜和水果类食品安全状况的满意率为 78.42%，比 2018 年同期水平（79.33%）下降了 0.91 个百分点。其中表示"满意"的占 20.29%，表示"基本满意"的占 58.13%，表示"不满意"的占 21.58%。

（三）公众对肉蛋奶和水产类食品安全状况的评价

公众对肉蛋奶和水产类食品安全状况的满意率为 79.20%，比 2018 年同期水平（80.56%）下降了 1.36 个百分点。其中表示"满意"的占 20.46%，表示"基本满意"的占 58.74%，表示"不满意"的占 20.80%。

（四）公众对儿童食品和保健食品安全状况的评价

公众对儿童食品和保健食品安全状况的满意率为 68.56%，比 2018 年同期水平（61.31%）提升了 7.25 个百分点。其中表示"满意"的占 18.48%，表示"基本满意"的占 50.08%，表示"不满意"的占 31.44%。

（五）公众对食品安全整体状况的评价

公众对食品安全整体状况的满意率为 80.94%，与 2018 年同期水平

（81.13%）比下降了 0.19 个百分点。其中表示"满意"的占 22.59%，表示"基本满意"的占 58.35%，表示"不满意"的占 19.06%（见图 2）。

2019 年河北省儿童食品和保健食品安全状况的满意率显著提升（7.25 个百分点），肉蛋奶和水产类、蔬菜和水果类食品安全状况满意率有所下降，分别下降了 1.36 个和 0.91 个百分点。

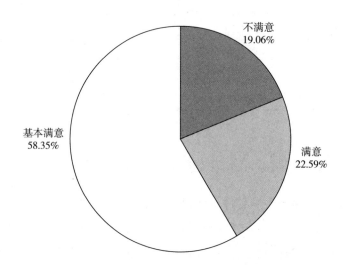

图 2　2019 年河北省公众对食品安全整体状况的评价

分职业身份看，食品安全整体状况的满意率较高的人群包括党政机关工作人员（88.36%）、在校大中专学生（87.45%）、科研与专业技术人员（82.63%）；满意率较低的人群包括司机、售票人员（71.43%），民营（或私营）企业主（74.51%），离休、退休人员（74.86%）（见图 3）。

二　公众对食品安全状况变化的感知

食品安全监管工作的目的是改善、提升、保障，变化是工作效果的直接体现。因此，本次调查以主要食品安全状况的稳定提高率（回答"比以前好了"和"与以前一样"的受访者占比之和，下同）作为评价指标，包括公众对粮食和食用油类、蔬菜和水果类、肉蛋奶和水产类、儿童食品和保健食品

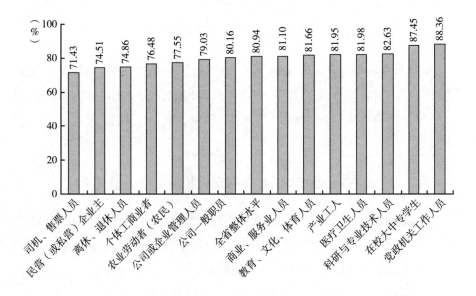

图3　2019年河北省公众对食品安全整体状况的评价——分职业身份

安全状况变化的评价，同时了解公众对食品安全整体状况变化的感知。

调查结果显示，食品安全整体状况的稳定提高率为89.64%。从食品类型角度看，粮食和食用油类食品安全状况的稳定提高率最高，为89.63%；其次是蔬菜和水果类，为89.07%；再次为儿童食品和保健食品，为87.58%；肉蛋奶和水产类食品安全状况的稳定提高率最低，为87.38%（见图4）。

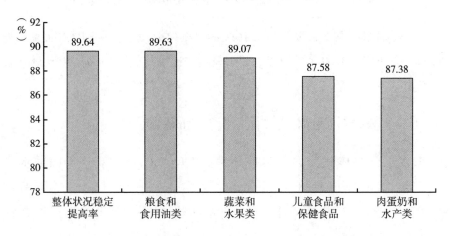

图4　2019年河北省主要食品安全状况的稳定提高率

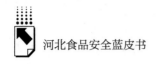
（一）公众对粮食和食用油类食品安全状况变化的感知

粮食和食用油类食品安全状况的稳定提高率为89.63%，比2018年同期水平（92.54%）下降了2.91个百分点。其中表示"比以前好了"的占48.13%，表示"与以前一样"的占41.50%，表示"比以前差了"的占10.37%。

（二）公众对蔬菜和水果类食品安全状况变化的感知

蔬菜和水果类食品安全状况的稳定提高率为89.07%，比2018年同期水平（91.88%）下降了2.81个百分点。其中表示"比以前好了"的占50.42%，表示"与以前一样"的占38.65%，表示"比以前差了"的占10.93%。

（三）公众对肉蛋奶和水产类食品安全状况变化的感知

肉蛋奶和水产类食品安全状况的稳定提高率为87.38%，比2018年同期水平（91.30%）下降了3.92个百分点。其中表示"比以前好了"的占47.71%，表示"与以前一样"的占39.67%，表示"比以前差了"的占12.62%。

（四）公众对儿童食品和保健食品安全状况变化的感知

儿童食品和保健食品安全状况的稳定提高率为87.58%，比2018年同期水平（88.88%）下降了1.30个百分点。其中表示"比以前好了"的占50.08%，表示"与以前一样"的占37.50%，表示"比以前差了"的占12.42%。

（五）公众对食品安全整体状况变化的感知

食品安全整体状况的稳定提高率为89.64%，比2018年同期水平（91.72%）下降了2.08个百分点。其中表示"比以前好了"的占54.20%，表示"与以前一样"的占35.44%，表示"比以前差了"的占10.36%（见图5）。

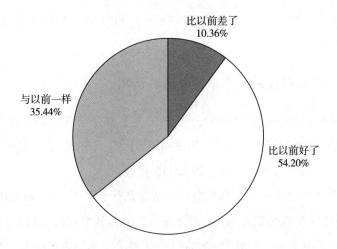

比以前差了
10.36%

与以前一样
35.44%

比以前好了
54.20%

图5 2019年河北省公众对食品安全整体状况变化的感知

三 公众对食品安全工作的评价

本次调查以五项内容作为"食品安全工作的满意率"的评价指标，包括公众对食品安全科普宣传力度的评价、公众对食品安全举报电话的认知、公众对食品安全监管（执法）力度的评价、公众对食品安全监管治理成效的评价、公众对政府食品安全工作的整体评价。

调查结果显示，公众对政府食品安全工作的整体满意率为79.27%；从具体工作内容看，公众对食品安全科普宣传力度的满意率为68.15%，对食品安全举报电话的知晓率为40.08%，对食品安全监管（执法）力度的满意率为70.87%。

（一）公众对食品安全科普宣传力度的评价

公众对食品安全科普宣传力度的满意率（回答"力度较大"和"力度一般"的受访者占比之和，下同）为68.15%，比2018年同期水平（65.50%）提升了2.65个百分点。其中有25.33%的公众认为"力度较

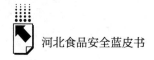

大",42.82%的公众认为"力度一般",31.85%的公众认为"力度较小"。

(二)公众对食品安全举报电话的认知

根据河北省市场监督管理局公布的《关于整合全省市场监督管理部门投诉举报热线电话的通告》,从2019年8月10日零时起,12365、12331、12358、12330热线号码统一整合为12315热线。

当问及"您对食品安全举报电话的认知是什么"时,有40.08%的公众认为"12315"是食品安全举报电话,有22.67%的公众将"12123"误认为是食品安全举报电话,另有37.25%的公众表示"不知道或说不清楚"。

(三)公众对食品安全监管(执法)力度的评价

公众对食品安全监管(执法)力度的满意率(回答"力度较大"和"力度一般"的受访者占比之和,下同)为70.87%,比2018年同期水平(69.24%)提升了1.63个百分点。其中有29.50%的公众认为"力度较大",41.37%的公众认为"力度一般",29.13%的公众认为"力度较小"。

(四)公众对食品安全监管治理成效的评价

当问及"一年来,您认为所在地食品安全监管工作在哪些方面成效明显"时,公众提及率最高的是"学校食堂及周边小卖部、流动饮食摊点"(42.21%),其次是"食品加工小作坊、小摊贩、小饭桌"(38.84%),第三是"中小型餐饮"(23.23%),第四是"食杂小卖部、商场、超市"(23.14%),第五是"农贸市场"(23.10%)(见图6)。

当问及"您认为下列食品安全监管举措最有效的是什么"时,公众提及率最高的是"推进餐饮业'明厨亮灶'工作"(21.58%),其次是"发动群众,推行'网格化'监管模式"(16.84%),第三是"加强小作坊、食品摊贩规范化管理"(13.78%),第四是"开展学校及校园周边食品安全专项整治"(10.49%),第五是"开展食品安全示范城市创建活动"(9.23%)(见图7)。

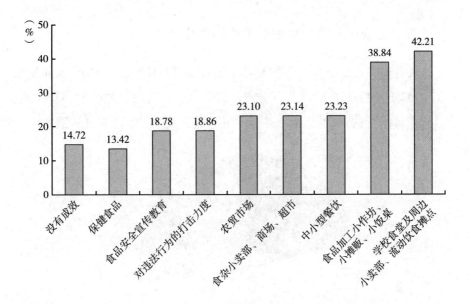

图6　2019 年河北省食品安全监管工作成效明显的方面

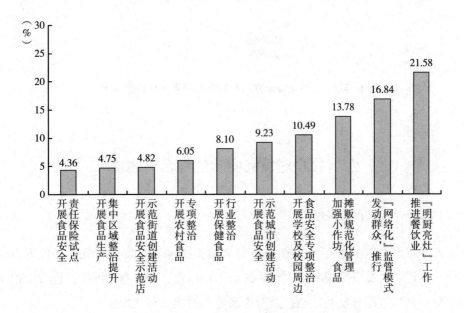

图7　2019 年河北省最有效的食品安全监管举措

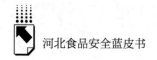

（五）公众对政府食品安全工作的整体评价

公众对政府食品安全工作的整体满意率为79.27%，比2018年同期水平（77.32%）提升了1.95个百分点。其中表示"满意"的占27.47%，表示"基本满意"的占51.80%，表示"不满意"的占20.73%（见图8）。

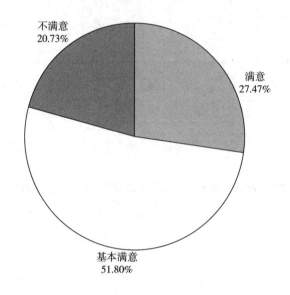

图8　2019年河北省公众对政府食品安全工作的整体评价

四　公众对食品安全的综合满意度

（一）指标体系介绍

本次调查以国家和河北省食品安全相关法规、政策、规范性文件为指导，既评价食品安全现状，也反映政府工作过程；既有程度评价，也有变化评价；多角度综合反映社会公众对食品安全的感知和认知。

通过组织行业管理者、第三方调查机构以及社会学、统计学等领域的专家进行试调查、初评估，再论证和再评估、再修订，最终形成本次食品安全公众满意度指标体系及权重设计。

指标体系在总指标下共设置 3 项一级指标和 14 项二级指标。一级指标的权重设计以算数平均法为原则，并根据考察重点和指标体系架构进行略微调整，二级指标的权重设计采用德尔菲法，详情如表 1 所示。

公众对食品安全的综合满意度根据一级指标加权计算得出，一级指标根据问卷中所对应的具体问题评价结果（二级指标）计算得出，二级指标由具体问题选项的占比计算得出。

表 1　食品安全公众满意度指标体系及权重设计

总指标	一级指标	二级指标
公众对食品安全的综合满意度	食品安全状况的满意度（33.5%）	粮油类(2.7%)
		果蔬类(1.6%)
		肉蛋奶和水产类(1.6%)
		儿童食品和保健食品(0.7%)
		食品整体满意率(26.9%)
	食品安全工作的满意度（33%）	科普宣传力度(1.7%)
		12315 热线认知(1.6%)
		监管力度(3.5%)
		工作整体满意率(26.2%)
	食品安全状况综合稳定提高率（33.5%）	粮油类(2.7%)
		果蔬类(1.6%)
		肉蛋奶和水产类(1.6%)
		儿童食品和保健食品(0.7%)
		整体变化评价(26.9%)

（二）公众对食品安全的综合满意度

经测算，2019 年河北省食品安全的综合满意度为 82.04%，与 2018 年（81.95%）相比提升了 0.09 个百分点。其中，食品安全状况的满意度为 80.66%，食品安全工作的满意度为 75.92%，食品安全状况综合稳定提高率为 89.45%。

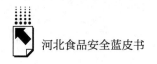

五 公众对食品安全的认知与问题反映

从全社会的角度了解公众对食品安全的关注度，掌握公众对食品安全知识的了解程度与获知途径，搜集公众对不同食品环节、不同食品类别的反映和意见，分析和找出全省或某个地市影响食品安全的主要因素，可以为有针对性地制定决策、改进工作、提升公众食品安全感和满意度提供科学的参考依据。为此，调查问卷设计了6个具体问题，主要从以下三个方面内容进行分析：公众对食品安全的关注度、公众了解食品安全知识的程度和途径、公众对食品安全知识（常识）的认知。

（一）公众对食品安全的关注度

调查结果显示，公众对食品安全的关注度（回答"非常关注"和"比较关注"的受访者占比之和）为92.84%。其中，有51.48%的公众表示"非常关注"，41.36%的公众表示"比较关注"，7.16%的公众表示"不太关注"。

研究发现，表示"非常关注"和"比较关注"的公众对食品安全的满意度（82.79%、82.18%）显著高于表示"不太关注"的公众（72.70%）。

当问及"就您而言，最关注的社会问题是什么"时，有7.29%的公众表示最关注"食品安全问题"，比2018年同期水平（5.75%）提升了1.54个百分点，在12类社会问题中排第8位（见图9）。

（二）公众了解食品安全知识的程度与途径

调查结果显示，公众对食品安全知识的了解率（回答"了解"和"一般性了解"的受访者占比之和，下同）为90.88%，略高于2018年同期水平（90.13%）。其中，表示"了解"的占33.50%，表示"一般性了解"的占57.38%，表示"不了解"的占9.12%。

分职业身份看，公众对食品安全知识的了解率占比居前三位的是党政机

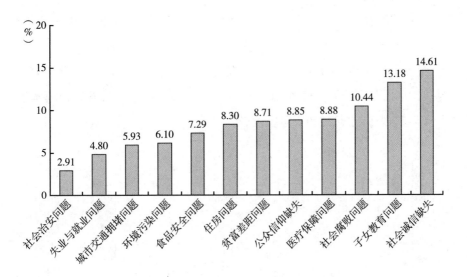

图9　2019年河北省公众关注的社会问题

关工作人员（97.25%），教育、文化、体育人员（96.46%），医疗卫生人员（95.99%），后三位的是司机、售票人员（83.57%），农业劳动者（农民）（84.46%），民营（或私营）企业主（90.12%）（见图10）。

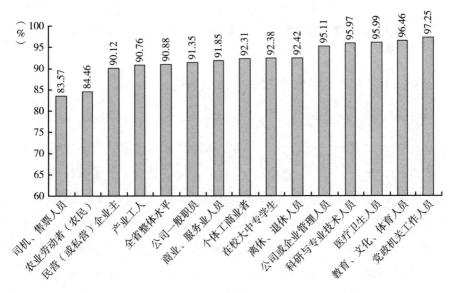

图10　2019年河北省公众了解食品安全知识的程度——分职业身份

227

公众获取食品安全知识（常识）的主要途径为"互联网（电脑或手机上网）"（67.60%）和"电视、广播"（63.62%）（见图11）。

与2018年同期水平相比，公众对各种途径的提及率均有所下降。其中，"电视、广播"（下降9.81个百分点）和"报纸、杂志、科普知识读本等"（下降7.32个百分点）的下降幅度较大。

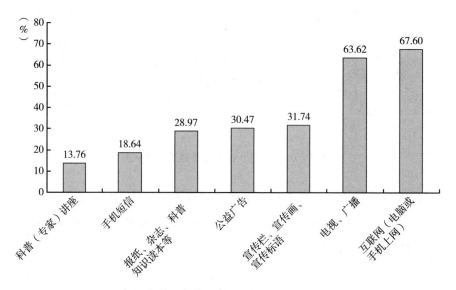

图11　2019年河北省公众获取食品安全知识（常识）的主要途径

（三）公众对食品安全知识（常识）的认知

当问及"您购买食品时，是否查看生产厂家、保质期等信息"时，有46.99%的公众表示"每次必看"，40.48%的公众表示"大多时候查看"，10.86%的公众表示"很少查看"，仅有1.67%的公众表示"不看"。

当问及"您对食品添加剂的认知是什么"时，67.94%的公众表示"在国家法规标准范围内使用添加剂"，11.21%的公众表示"食品不能使用任何添加剂"，4.18%的公众表示"为延长食品的保质期可以使用添加剂"，1.91%的公众表示"为增加食品的色泽可以使用添加剂"，1.01%的公众表示"为增加食品的商品价值可以使用添加剂"，13.75%的公众表示"说不清楚"（见图12）。

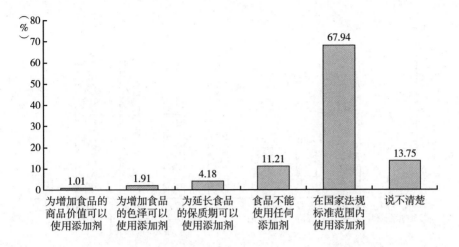

图12 2019年河北省公众对食品安全知识（常识）的认知

分职业身份看，"在国家法规标准范围内使用添加剂"提及率较高的是科研与专业技术人员（81.54%），党政机关工作人员（79.41%），教育、文化、体育人员（76.40%）；"食品不能使用任何添加剂"提及率较高的是农业劳动者（农民）（17.14%），离休、退休人员（16.10%），民营（或私营）企业主（13.58%）。

（四）最突出的食品安全问题

本次调查针对"不满意"食品安全整体状况的公众，进一步询问了"您认为最突出的食品安全问题是什么"。

调查结果显示，公众提及率最高的是"农药残留超标"（24.17%），其次是"滥用或超标准使用添加剂"（22.46%），再次是"假冒伪劣食品"（14.88%）（见图13）。

与2018年同期水平相比，除"注水肉和病死肉"（上升1.93个百分点）和"三无产品"（上升1.53个百分点）外，其他食品安全问题的提及率均有所下降，其中"农药残留超标"提及率的下降幅度最为显著（下降10.53个百分点）。

从区域层面看，各地市公众提及率较高的食品安全问题与全省整体情

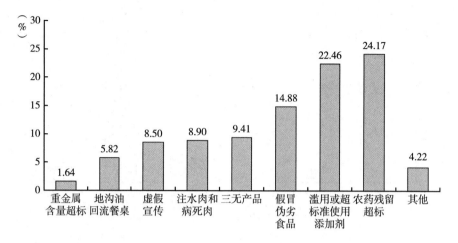

图13 2019年河北省公众认为最突出的食品安全问题

况一致,"农药残留超标"和"滥用或超标准使用添加剂"基本占据各地市的前两位。通过与全省整体情况进行对比,可以发现,在共性问题之外,食品安全问题分布还呈现出一定的地域化特征。各地在开展工作的过程中,除了应重点关注提及率较高的食品安全问题,还应注意提及率较低但明显高于全省整体水平的方面,要及时发现与应对苗头性问题,做到防患于未然。

通过对调查数据进行深入分析与归纳,各地市相对明显的特征如表2所示。

表2 2019年河北省各地市公众反映相对突出的食品安全问题

地市	相对突出的食品安全问题
石家庄市、张家口市	滥用或超标准使用添加剂
承德市	农药残留超标
秦皇岛市、廊坊市、唐山市	重金属含量超标
保定市	三无产品
沧州市	地沟油回流餐桌
衡水市	虚假宣传
邯郸市、邢台市	注水肉和病死肉

（五）安全问题最突出的主要食品种类

本次调查针对"不满意"食品安全整体状况的公众，进一步询问了"您认为下列哪类食品问题最突出"。

调查结果显示，公众提及率最高的是"蔬菜类"（22.78%），其次是"肉（包括肉制品）"（19.07%），第三是"儿童食品"（15.08%）（见图14）。

与2018年同期水平相比，"蔬菜类"（下降5.93个百分点）和"肉（包括肉制品）"（下降4.15个百分点）的提及率显著下降，但仍是安全问题最突出的食品类别。

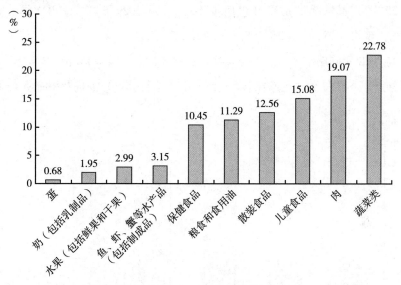

图14 2019年河北省公众认为安全问题最突出的主要食品种类

从区域层面看，各地市公众反映安全问题最突出的食品类别与全省整体情况基本一致，"蔬菜类"和"肉（包括肉制品）"基本占据各地市的前两位。同时，共性问题之外的地域化特征如表3所示。

（六）最应加强治理的食品环节

本次调查针对"不满意"政府食品安全工作的公众，进一步询问了"您认为哪个食品环节最应加强治理"。

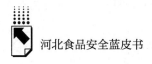
表3 2019年河北省各地市公众反映安全问题相对突出的食品种类

地市	安全问题相对突出的食品种类
石家庄市、张家口市	水果(包括鲜果和干果)
承德市、秦皇岛市	蔬菜类
唐山市、保定市	鱼、虾、蟹等水产品(包括制成品)
沧州市、廊坊市	奶(包括乳制品)
衡水市	保健食品
邢台市、邯郸市	儿童食品

调查结果显示，公众提及率最高的是"生产（种植、养殖）环节"（31.27%），其次是"加工（包括包装）环节"（29.63%），再次是"销售（批发、零售）环节"（26.36%）（见图15）。

与2018年同期水平相比，公众对"销售（批发、零售）环节"（上升1.91个百分点）和"储藏、运输环节"（上升1.31个百分点）的提及率有所上升。

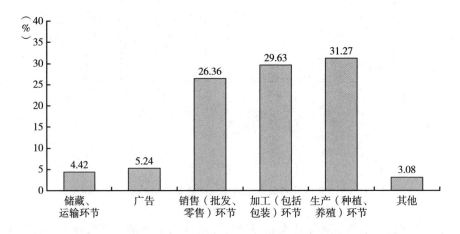

图15 2019年河北省公众认为最应加强治理的食品环节

六 样本构成与数据评估

本次调查范围覆盖全省11个设区市、雄安新区以及两个省管县。为避免调查结果受到外界干扰，本次调查采用随机抽样的方式向全省社会公众推送问卷调查邀请短信，并要求按照自身实际情况做出客观回答，未收到问卷调查邀请短信的公众不能主动参与。经过科学的前期部署和周密的组织实施，全省共计回收有效问卷 19723 份。调查样本在行政区域、人群职业、城乡结构、样本间距上实现了合理分布，汇总数据对省、市两级有很好的代表性。同时，加权计算的一级和二级满意度指标，更能科学地反映各地食品监管工作、监管成效和安全水平，也更利于各地之间的横向比较。

B.14
后　记

　　《河北食品安全研究报告（2020）》（以下简称《报告》）在相关部门的大力支持和课题组成员的共同努力下顺利出版。《报告》全面展示 2019 年河北省食品安全状况，客观总结河北省食品安全保障工作的创新实践及有益经验。

　　参与编写的人员有丛斌、刘健男、桑亚新、王旗、李莉、杜爽、郄东翔、赵清、张建峰、王龙、陈昊青、魏占永、赵志强、边中生、谢忠、滑建坤、陈昊青、张春旺、赵小月、孙慧莹、卢江河、杜艳敏、王琳、孙福江、曹彦卫、宋军、王海荣、芦保华、刘金鹏、王青、师文杰、朱金姿、万顺崇、陈茜、李晓龙、刘琼辉、汤轶伟、赵树堂、史国华、张兰天、张岩、刘勇、张秋艺、申茂飞、王建锋、张新波、郑俊杰、华锡、李鹏、张鹏、董存亮、张兆辉、任怡卿、赵诚、李靖、赵京广等。

　　编写过程中，课题组得到了有关省直部门、行业协会和研究机构的积极协助，中央党校、河北医科大学、河北农业大学等专家学者的大力支持。在此，向所有在编写工作中付出辛苦劳动的各位领导、专家、同仁表示由衷的感谢！特别向提供大量素材并提供宝贵意见的各部门相关处室（单位）表示诚挚谢意！

　　最后，恳请社会各界对《报告》提出批评建议，我们将努力呈现更好的作品。

权威报告·一手数据·特色资源

皮书数据库
ANNUAL REPORT(YEARBOOK)
DATABASE

分析解读当下中国发展变迁的高端智库平台

所获荣誉

- 2019年，入围国家新闻出版署数字出版精品遴选推荐计划项目
- 2016年，入选"'十三五'国家重点电子出版物出版规划骨干工程"
- 2015年，荣获"搜索中国正能量 点赞2015""创新中国科技创新奖"
- 2013年，荣获"中国出版政府奖·网络出版物奖"提名奖
- 连续多年荣获中国数字出版博览会"数字出版·优秀品牌"奖

成为会员

通过网址www.pishu.com.cn访问皮书数据库网站或下载皮书数据库APP，进行手机号码验证或邮箱验证即可成为皮书数据库会员。

会员福利

- 已注册用户购书后可免费获赠100元皮书数据库充值卡。刮开充值卡涂层获取充值密码，登录并进入"会员中心"—"在线充值"—"充值卡充值"，充值成功即可购买和查看数据库内容。
- 会员福利最终解释权归社会科学文献出版社所有。

数据库服务热线：400-008-6695
数据库服务QQ：2475522410
数据库服务邮箱：database@ssap.cn
图书销售热线：010-59367070/7028
图书服务QQ：1265056568
图书服务邮箱：duzhe@ssap.cn

社会科学文献出版社 皮书系列
SOCIAL SCIENCES ACADEMIC PRESS (CHINA)
卡号：156255386448
密码：

S 基本子库
UB DATABASE

中国社会发展数据库（下设 12 个子库）

  整合国内外中国社会发展研究成果，汇聚独家统计数据、深度分析报告，涉及社会、人口、政治、教育、法律等 12 个领域，为了解中国社会发展动态、跟踪社会核心热点、分析社会发展趋势提供一站式资源搜索和数据服务。

中国经济发展数据库（下设 12 个子库）

  围绕国内外中国经济发展主题研究报告、学术资讯、基础数据等资料构建，内容涵盖宏观经济、农业经济、工业经济、产业经济等 12 个重点经济领域，为实时掌控经济运行态势、把握经济发展规律、洞察经济形势、进行经济决策提供参考和依据。

中国行业发展数据库（下设 17 个子库）

  以中国国民经济行业分类为依据，覆盖金融业、旅游、医疗卫生、交通运输、能源矿产等 100 多个行业，跟踪分析国民经济相关行业市场运行状况和政策导向，汇集行业发展前沿资讯，为投资、从业及各种经济决策提供理论基础和实践指导。

中国区域发展数据库（下设 6 个子库）

  对中国特定区域内的经济、社会、文化等领域现状与发展情况进行深度分析和预测，研究层级至县及县以下行政区，涉及地区、区域经济体、城市、农村等不同维度，为地方经济社会宏观态势研究、发展经验研究、案例分析提供数据服务。

中国文化传媒数据库（下设 18 个子库）

  汇聚文化传媒领域专家观点、热点资讯，梳理国内外中国文化发展相关学术研究成果、一手统计数据，涵盖文化产业、新闻传播、电影娱乐、文学艺术、群众文化等 18 个重点研究领域。为文化传媒研究提供相关数据、研究报告和综合分析服务。

世界经济与国际关系数据库（下设 6 个子库）

  立足"皮书系列"世界经济、国际关系相关学术资源，整合世界经济、国际政治、世界文化与科技、全球性问题、国际组织与国际法、区域研究 6 大领域研究成果，为世界经济与国际关系研究提供全方位数据分析，为决策和形势研判提供参考。

法律声明

  "皮书系列"（含蓝皮书、绿皮书、黄皮书）之品牌由社会科学文献出版社最早使用并持续至今，现已被中国图书市场所熟知。"皮书系列"的相关商标已在中华人民共和国国家工商行政管理总局商标局注册，如LOGO（🖊）、皮书、Pishu、经济蓝皮书、社会蓝皮书等。"皮书系列"图书的注册商标专用权及封面设计、版式设计的著作权均为社会科学文献出版社所有。未经社会科学文献出版社书面授权许可，任何使用与"皮书系列"图书注册商标、封面设计、版式设计相同或者近似的文字、图形或其组合的行为均系侵权行为。

  经作者授权，本书的专有出版权及信息网络传播权等为社会科学文献出版社享有。未经社会科学文献出版社书面授权许可，任何就本书内容的复制、发行或以数字形式进行网络传播的行为均系侵权行为。

  社会科学文献出版社将通过法律途径追究上述侵权行为的法律责任，维护自身合法权益。

  欢迎社会各界人士对侵犯社会科学文献出版社上述权利的侵权行为进行举报。电话：010-59367121，电子邮箱：fawubu@ssap.cn。

社会科学文献出版社